口絵1 負極性落雷 左の落雷は2箇所に落雷する多地点落雷（音羽電機工業株式会社提供）（p.6，図1.6参照）

口絵2 鉄塔に発生した上向き雷放電 （音羽電機工業株式会社提供）（p.7，図1.7参照）

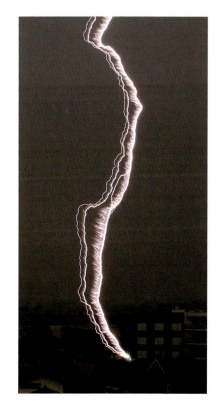

口絵3 至近距離（約200 m）に発生した落雷
明るく見える細い光の筋が少なくとも3つ確認できる．その一つ一つがリターンストロークである．一番右のリターンストロークには髭のようなうっすらとした光の筋が確認できる（左から2つ目にも僅かに確認できる）．これが連続電流である．（音羽電機工業株式会社提供）（p.15，図1.11参照）

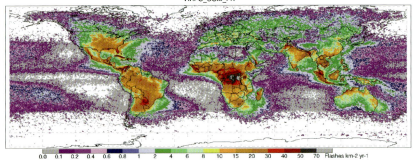

口絵4　全球の雷放電分布　衛星搭載雷放電観測装置により得られた結果（NASA提供）（p.50, 図C3.1 参照）

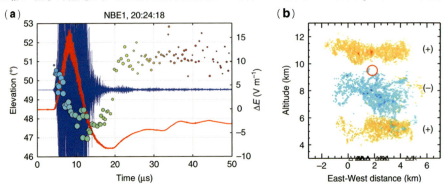

口絵5　雲放電開始時に観測された fast positive breakdown（FPB）　(a) 雲放電発生点付近の観測結果．〇はVHF広帯域干渉計による標定点の仰角を示す．〇の大きさでVHFの放射電力，色で時間進展を示す．VHFの電波強度（青線）や地上電波波形（赤線）とともに示す．(b) LMAで推定された鉛直電荷構造．オレンジ：正電荷領域．水色：負電荷領域．赤の〇は左の雲放電の発生点を示す．Rison *et al.* (2016) から一部改変して掲載．© Rison *et al.* (2016) (Licensed under CC BY 4.0 DEED) (p.68, 図3.6参照)

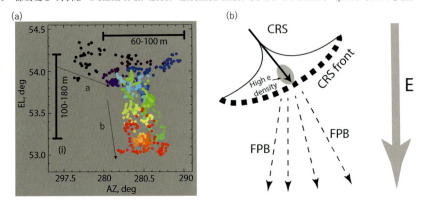

口絵6　空気シャワーと fast positive breakdown（FPB）　(a) VHF帯干渉計による雷放電開始前後のVHF放射源（方位角-仰角）観測結果．矢印 a で示された放射源は CRS front, 矢印 b で示された放射源は FPB と考えられる．色で時間進展を示し，黒→紫→青→水色→緑→黄→橙→赤の順である．黒から赤までおよそ50 μs. (b) Shao らが考える CRS, CRS front, FPB の関係．Shao *et al.* (2020) から一部改変して掲載．© Shao *et al.* (2020) (Licensed under CC BY 4.0 DEED) (p.72, 図3.9参照)

口絵7 ハワイで観測された巨大ジェット 写真の右側の雷雲上部から上向きに進む放電が巨大ジェットである．ウェブサイト（https://www.gemini.edu/gallery/images/iotw2108a）より一部抜粋して掲載．（International Gemini Observatory/NOIRLab/NSF/AURA/A. Smith（Licensed under CC BY 4.0 DEED））（p.130，図5.18 参照）

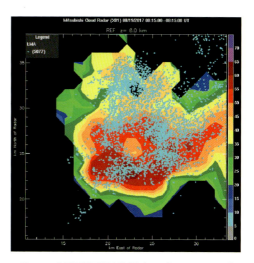

口絵9 三次元雷放電標定装置（LMA）によるスーパーセルで発生した lightning hole 気象レーダーから得た高度6 km の反射強度に Tokyo LMA で得た雷放電標定点をプロット（エメラルドグリーンのドット）．中央付近に雷放電標定点が少ない空間（lightning hole）が存在する（防災科学技術研究所・櫻井南海子主任研究員提供）（p.147，図6.7 参照）

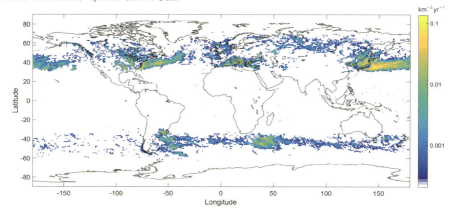

口絵8 WWLLN で観測された冬季のリターンストローク数の分布 Montanyà et al. より一部改変して掲載．© Montanyà et al.(2016)（Licensed under CC BY 3.0）(2016)（Licensed under CC BY 3.0）(p.132，図C7.1 参照)．

口絵 10 桜島で発生した火山雷 (音羽電機工業株式会社提供)(p.159,図 7.6 参照)

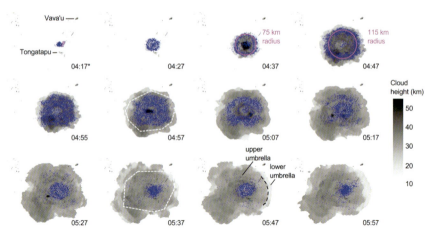

口絵 11 衛星観測で得られた噴煙の高度と火山雷の標定点　グレースケールで衛星観測から得られた噴煙高度,ドットが火山雷の標定点を示す.Eaton *et al.* (2023) より一部改変して掲載. © Eaton *et al.* (2023) (Licensed under CC BY 4.0 DEED)(p.163,図 7.8 参照)

気象学ライブラリー 4

新田　尚・中澤哲夫・斉藤和雄 [編集]

雷放電の物理
—絶縁破壊から電荷分離，メソ気象まで—

吉田　智 [著]

朝倉書店

〈気象学ライブラリー〉
編集委員

新田　尚
元気象庁長官

中澤哲夫
前気象庁気象研究所台風研究部長
前世界気象機関（WMO）世界天気研究課長

斉藤和雄
前気象庁気象研究所予報研究部長
一般財団法人気象業務支援センター

はじめに

　広く知られているように雷放電は電気現象である．雷放電が電気現象であるとすれば，いくつかの疑問が湧いてこないだろうか．雷雲内には雷放電の源ともいうべき電荷が，どのようにして発生するのだろうか？　雷雲内にはどのように電荷が分布しているのか？　そして，何をきっかけとして雷放電が開始するのか？　この3つは，誰もが思いつく基本的な疑問であろう．これらは，筆者が考えている「雷放電研究における3つの重大問題」である．この3つの問題は，雷放電が電気現象であることを示したフランクリンの有名な凧の実験以来，まさに多くの研究者を惹きつけてきた雷放電研究の主要なテーマである．多くの先達の努力により，これらの問いは徐々に理解が進んでいるが，まだ完全には理解されていない．このような誰もが抱くような基本的な問いでさえ完全に理解できているとはいい難く，今現在でも新しくそして興味深い研究成果が発表され続けている．誰もが知る身近な現象なのに，基本的なことさえも未解明というこのギャップが，今日でも研究者から雷放電が研究対象として注目される理由の一つかもしれない．

　本書では「雷放電研究における3つの重大問題」を中心に，過去の重要な研究をひもときつつ最新の雷放電研究も積極的に取り上げ，雷放電物理について述べる．つまり，電荷分離機構（雷雲内で電荷が発生するメカニズム），電荷構造（雷雲内の電荷分布），雷放電開始メカニズムの3つである．これらに加えて，雷活動とメソ気象の関係など，気象分野や電力分野の研究者にも広くご興味いただけるトピックを提供したい．

　まず，1章では本書を読み進めるにあたり必要な雷放電の概説を行う．雷放電の種別や雷放電の基本的な性質などを示す．さらに負極性落雷を取り上げて，1回の落雷で発生している複数の放電プロセス（大気を電離するステップトリーダや大電流が流れるリターンストロークなど）について示す．負極性落雷のプロセスが理解できれば，他の雷放電も共通の過程を経ていることが多く，他の雷放電も理解はしやすいだろう．正極性落雷や上向き雷放電などについてもその特徴を述べる．1章は雷放電物理の教科書的な内容に近い．

2章と3章は，気象分野というより高電圧工学に近い分野である．2章では，大気が電離し生じる，電気を通すことのできるプラズマについて述べる．雷放電は自然に発生するプラズマの一つである．実験室の高電圧による放電実験と実際の雷放電観測を参照して，プラズマの理解を深める．

2章の内容を受けて，3章では雷放電の開始メカニズムに関する研究について述べる．ここでは，雷放電開始メカニズムの候補として挙がっている，雲降水粒子仮説と逃走絶縁破壊仮説について示す．現時点では雷放電の開始メカニズムは，この2つのうちのどちらか，もしくはその複合的要因と考えられているが，現在でも決着はついていない．この研究分野は fast positive breakdown という放電が観測されるなど，2010 年代以降に急速に研究が進んでいる．この観測結果を含めた，現段階での最新の雷放電開始に関する一連の研究を紹介する．

4章から6章は一転して，気象分野に近い内容となる．4章では，電荷分離メカニズムについて議論する．電荷分離メカニズムとは，雷雲内での電荷の発生メカニズムのことである．電荷分離メカニズムで最も有力な着氷電荷分離機構について解説する．着氷電荷分離機構では，霰と氷晶が衝突することにより，霰や氷晶の帯電が発生する．この着氷電荷分離機構にはいくつかの解釈が示されており，気温差や水膜を用いた説明と，英国マンチェスター大学の研究グループが提唱する拡散成長速度による説明があり，双方について紹介する．着氷電荷分離機構に加えて，レナード効果を用いた説，イオン対流説，分極誘導説なども紹介する．

5章では電荷構造について述べる．多くの観測結果から，第一次近似的には，雷雲の電荷構造は上から正負正の三重極分布であることが知られている．まず電荷構造を理解するために簡単な構造である三重極構造について述べる．その後，実際の雷雲で観測されている六重極構造などの複雑な電荷構造とその成因について述べる．さらに，正極性落雷や冬季雷の電荷構造に関する最新研究や雷放電と電荷構造の関連についても述べる．

6章では，雷活動と雷雲の関係について議論する．前述の通り，着氷電荷分離機構では霰と氷晶の衝突により電荷分離が発生する．このことは雷放電が発生するには，霰の存在が必要であることを示す．一方で，積乱雲内の強い上昇気流はより多くの霰を生成することから，雷雲の発達過程と雷活動は関連が深

い．ここでは雷雲の上昇気流と関連の深い現象（lightning jump や lightning hole など）について示す．これらのテーマは気象災害予測の可能性を示唆するものであり，雷放電観測データの利活用を考える上で，今後ますます重要になってくるであろう．

　7 章では，1 章では取り上げなかった 2 種類の雷放電について取り上げる．一つは現在の雷放電研究に欠かせない誘雷である．誘雷とは雷放電を人為的に発生させる技術である．ここでは，地上から小型ロケットを打ち上げるロケット誘雷とレーザ光を用いたレーザ誘雷について示す．もう一つは，火山噴火に伴い発生する火山雷である．特に 2022 年 1 月に発生したトンガ沖の海底火山噴火に伴い発生した火山雷は興味深い観測結果が報告されており，これについての研究成果も紹介する．最後の 8 章では，雷放電研究に大きく貢献した，電波観測を用いた雷放電標定装置の原理について記した．

　なお，各章の間に挿入したコラムでは，本書に関連した詳細な解説や雷放電の世界分布など幅広いトピックを取り上げている．

　気象分野はもちろん，電力などの電気分野，大気電気分野の研究を志す大学生や研究者を想定読者として，本書をまとめた．2 章や 3 章は高電圧寄りの内容となり，また 4 章から 6 章は気象寄りの，そして 8 章は通信工学寄りの内容となっている．そのため，どうしても不得意の分野が読者によっては入ってしまう可能性はある．しかしながら，それは雷放電研究という学際的分野の持つ宿命かもしれない．つまり，雷放電は気象現象の一つとして発生するため，気象の理解は欠かせない．ただし，発生する雷放電そのものは，完全な電気現象なので電気分野の理解が必須である．そして雷放電を観測する技術は通信工学で培った技術の応用である．雷放電の理解のためには複数のフィールドの知識が必要で，本書がその橋渡しとなれば幸いである．

　なお，本書は雷放電に関する物理を広く共有する，いわゆる教科書的な書籍ではない．おそらく読者の興味を惹くであろう，雷放電に関するいくつかのトピックを深掘りすることに注力している．過去研究を振り返りながら，近年の研究成果を積極的に取り上げ，研究の流れをご理解いただけるように配慮した．

　また定性的な説明をできるだけ付記して，雷放電に関する知識を増やすことよりも，読者の方が雷放電をイメージできることを念頭に書き進めた．

本書を書き進めるにあたり，多くの方々から貴重な資料の提供や本文に対して有益なコメントをいただいた．この場を借りて御礼申し上げる．

(五十音順)

大阪大学	河崎善一郎　名誉教授
大阪大学	和田有希　助教
音羽電機工業株式会社	
気象研究所	梅原章仁　研究官
気象研究所	西橋政秀　研究官
気象研究所	橋本明宏　室長
気象研究所	林　修吾　主任研究官
岐阜大学	王　道洪　教授
九州大学・桜美林大学	高橋　劭　名誉教授
近畿大学	高柳裕次　特任研究員
近畿大学	森本健志　教授
電気通信大学	秋田　学　准教授
防災科学技術研究所	櫻井南海子　主任研究員
Massachusetts Institute of Technology	Dr. Earle R. Williams

2024 年 10 月

吉田　智

目　　次

CHAPTER 1　雷放電の概要 ──────────────── 1
　1.1　はじめに　　1
　1.2　雷放電はプラズマ　　2
　1.3　雷放電種別　　3
　1.4　負極性落雷のプロセス　　8
　　1.4.1　負極性落雷の全体像　　8
　　1.4.2　ステップトリーダ　　11
　　1.4.3　upward connecting leader（UCL）　　11
　　1.4.4　リターンストローク　　14
　　1.4.5　連続電流　　17
　　1.4.6　リコイルリーダ　　19
　1.5　正極性落雷　　22
　1.6　上向き雷放電　　23
　1.7　雲放電　　25
　コラム1　高高度放電発光現象　　26
　コラム2　避雷針　　28

CHAPTER 2　雷放電とプラズマ ──────────────── 31
　2.1　はじめに　　31
　2.2　プラズマとは　　32
　2.3　ストリーマ　　33
　2.4　リーダ　　36
　　2.4.1　正リーダ　　36
　　2.4.2　負リーダ　　37
　2.5　ストリーマの極性による発生に必要な電界の違い　　38
　2.6　実際の雷放電の高速ビデオ撮影　　40

2.7 なぜ雷放電はジグザグに進むのか? 43
2.8 双方向性リーダ 45
　2.8.1 双方向性リーダの考え方 45
　2.8.2 双方向性リーダの観測 47
コラム3 雷放電の世界分布 49
コラム4 世界のどこで雷放電が多いのか? 50

CHAPTER 3　雷放電開始メカニズムの謎　53

3.1 はじめに 53
3.2 大気の絶縁破壊 54
3.3 雷雲中の電界強度の観測値とその解釈 56
　3.3.1 雷雲中の電界の観測 56
　3.3.2 電界観測結果の解釈1 57
　3.3.3 電界観測結果の解釈2 58
3.4 雲降水粒子仮説 59
　3.4.1 雲降水粒子仮説の概要 59
　3.4.2 複数の雲降水粒子の存在によるストリーマ発生 60
　3.4.3 雲降水粒子仮説の問題点 62
3.5 逃走絶縁破壊仮説 62
　3.5.1 逃走絶縁破壊に必要な電界強度 62
　3.5.2 高エネルギー電子はなぜ逃走絶縁破壊を起こせるのか? 64
　3.5.3 逃走絶縁破壊にもとづいた雷放電開始メカニズムと問題点 66
3.6 近年の観測結果 67
　3.6.1 fast positive breakdown の観測 67
　3.6.2 大気シャワーによる電界の強化? 71
　3.6.3 fast negative breakdown の観測 72
コラム5 雷放電開始メカニズム研究に貢献したVHF帯干渉計 75

CHAPTER 4　電荷分離機構　78

4.1 はじめに 78

4.2 着氷電荷分離機構　　79
　4.2.1 着氷電荷分離機構の実験による共通点と相違点　　82
　4.2.2 温度差や水膜内の電荷移動を考慮した説明　　84
　4.2.3 相対拡散成長速度説　　90
4.3 レナード効果を用いた説　　91
4.4 イオン対流説　　93
4.5 分極誘導説とイオン誘導説　　96
コラム6　氷の電気特性　　98

CHAPTER 5　雷雲内電荷構造とその影響　　103

5.1 はじめに　　103
5.2 三重極構造　　104
5.3 対流領域の電荷構造　　107
5.4 層状領域の電荷構造　　109
5.5 正極性落雷が多く発生する電荷構造　　111
　5.5.1 逆転三重極構造　　111
　5.5.2 傾斜二重極構造　　112
　5.5.3 層状領域における正極性落雷　　113
5.6 様々な電荷構造が発生する原因　　114
5.7 冬季雷雲の電荷構造　　118
5.8 電荷構造の雷放電形態への影響　　123
　5.8.1 電荷構造と雷放電の水平スケールの関係　　123
　5.8.2 電荷構造と雷放電種別の関係　　125
コラム7　冬季雷の世界分布　　131
コラム8　スーパーボルト　　132

CHAPTER 6　雷活動とメソ気象　　137

6.1 はじめに　　137
6.2 lightning jump　　137
6.3 lightning bubble　　142

viii　　　　　　　　　　　　目　　次

6.4　lightning hole　145
コラム 9　気候変動と雷活動　増える北極圏での雷活動　148

CHAPTER 7　誘雷と火山雷　　　　151
7.1　はじめに　151
7.2　誘雷　152
　7.2.1　ロケット誘雷　152
　7.2.2　フロリダ大学のロケット誘雷　154
　7.2.3　レーザ誘雷　155
　7.2.4　誘雷のメリット　158
7.3　火山雷　159
　7.3.1　vent discharge と near-vent lightning　160
　7.3.2　plume lightning　161
　7.3.3　トンガ沖海底火山噴火に伴う火山雷　162
コラム 10　幻の Y-lightning　164

CHAPTER 8　雷放電標定技術　　　　167
8.1　はじめに　167
8.2　二次元標定技術　168
　8.2.1　二次元標定技術の概要　168
　8.2.2　二次元標定装置のメリット，デメリット　169
8.3　三次元標定技術　170
　8.3.1　TOA を用いた三次元標定　171
　8.3.2　干渉法　173
コラム 11　河崎善一郎先生　175
コラム 12　落雷被害にあわないために　175

索　引　　　　　　　　　　　　　　　　　　178

CHAPTER 1
雷放電の概要

1.1 はじめに

　雷放電は肉眼で見ると一瞬で終了してしまう現象である．この1秒足らずの雷放電には，複数の放電プロセスが連続的に発生している．これらのプロセスは継続時間が短い現象なので，肉眼で追うことはできない．雷放電のプロセスは大きく分けて2つある．一つは，絶縁体である大気を電気伝導度が高く電流の流れる状態（プラズマ）に変えていくプロセスで，簡単にいうと大気中に電気の通る道を作るプロセス（後述のステップトリーダなど）である．もう一つは，前述のプロセスにより作られた電気の通るプラズマを大電流が短時間で流れ，雷雲内の電荷が中和されるプロセス（後述のリターンストロークなど）である．この2つのプロセスが，何度も発生するのが雷放電である．本章では，雷放電のプロセスを一つ一つ取り上げて解説を行い，雷放電について基本的なことを共有することを目的としている．

　雷放電はその名の通り放電現象である．1.2節ではこの放電の意味から，雷放電について述べる．1.3節で雷放電種別について述べる．雷放電は2つに大別される．一つは雷雲の中で終了する雲放電，もう一つは，雷雲と地表の間の雷放電（落雷など）である．1.4節では最もなじみの深い負極性落雷を例に取り，負極性落雷で発生している放電プロセス（リターンストロークなど）を説明する．1.5節では，負極性落雷以外の雷放電（正極性落雷，上向き雷放電など）について簡単に解説を行う．なお，雷放電を人為的に引き起こす誘雷や火山噴火に伴い発生する火山雷についてはどちらも近年に新たな開発や発見があり，非常に興味深い分野である．それぞれ7.2節，7.3節で述べる．

　なお，英語では，雷放電のことを，"lightning flash"や単に"flash"と表す．

lightning という単語は不可算名詞であるため，lightnings という使い方はできない（lightning flashes は問題ない）．英文を執筆する時は気をつけていただきたい．

1.2 雷放電はプラズマ

　雷放電は雷雲の電荷に起因して大気中で発生する放電現象である．雷放電の定義を理解するのに，まず放電について説明したい．通常の大気状態では，大気分子（窒素分子，酸素分子など）内の電子は分子内で強く結びついているために，電流が流れることはない．基本的には大気は電気を流さない良好な絶縁体である（正確には，大気中には二次宇宙線などに起因して僅かに電子やイオンが存在しており，外部電界を加えると小さな電流（暗流）が流れる）．しかしながら，絶縁体である大気に高電圧を加えることにより，僅かに存在する電子が加速され大気分子から電子を弾き出し大気分子を電離していく（衝突電離）．この相互作用により大気中で電子数が大幅に増加し，大電流が流れる．このように高電圧と僅かな電子があれば，大気は絶縁が維持できなくなり大電流が流れる．高電圧により絶縁を維持できなくなる現象を絶縁破壊といい，絶縁体で電離が継続して増加ないしは維持している状態を放電という．なお本書では特に断らない限り，電子とは分子や原子に束縛されていない電子を指す．

　雷放電の経路を（雷）放電路と呼ぶ．放電路は，電気的に中性な大気分子に加えて，電子や陽イオンが混在した状態である．このような混在した状態のことを一般にプラズマ（plasma）と呼ぶ（図 1.1）．雷放電はプラズマである．つまり，雷雲内電荷に起因してプラズマが発生し，伸展し（伸びること），維持され，消滅するまでが雷放電過程の全てである．

　雷放電に関連した重要なプラズマは，リーダ（leader）とストリーマ（streamer）である．両者については 2 章で詳しく述べるが，本章を読み進めるためにリーダに関して少しだけその特徴を述べる．後述する通り，ステップトリーダやダートリーダといったリーダがある．これらのリーダは電気伝導度の高い線状のプラズマで，電流を流すことができる（図 1.2）．このリーダが雷雲内で発生しその一端が下向きに伸展し大地に到達すると，電荷領域（雷雲

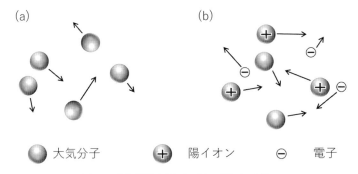

図 1.1 (a) 通常の大気と (b) プラズマの違い
プラズマでは分子から電子が飛び出して，電子とイオンが混在した状態．

図 1.2 外部電界に沿って伸展したリーダの概念図
プラズマの一つ．内部には電子と陽イオンが多数存在しており，外部電界により先端には電荷の偏りが生じている．

内の正や負の電荷が存在する領域のこと）と大地が電気的につながる．その結果，雷雲内電荷領域間と地表の間で大電流が流れる．これが落雷である．リーダはこのように，通常は電流が流れない絶縁体の大気を電気の流れるプラズマに一時的に変換する放電（または変換した状態）である．リーダが雷雲内の電荷領域間や電荷領域と地表を電気的につなげることにより，雷雲内電荷を中和していく．リーダは放電の一形態であるため，リーダが伸展することを放電が進む，とも表現する．

1.3 雷放電種別

雷放電はいくつかの種類に分類できる．本書では，雷雲内電荷領域間だけ

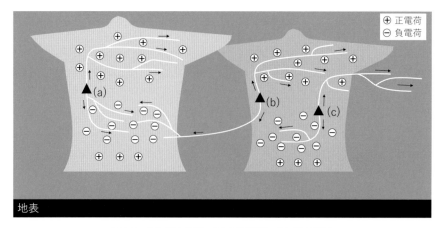

図 1.3 (a) 雲内放電, (b) 雲間放電, (c) 空中放電

(a)〜(c) の全ての雷放電を総称して, 雲放電と呼ぶことが多い. ▲は開始点を表す. 矢印でリーダの進む方向を示す.

で放電が完了する放電（雲放電）と, 雷雲内電荷領域と大地間の放電の2種類に大別する. 雲放電は細かく分けると, 一つの雷雲だけで発生する雲内放電（intracloud lightning：IC), 雷雲と別の雷雲の間で発生する雲間放電（cloud-to-cloud lightning：CC), 雷雲で発生し雷雲外で終了する空中放電（air discharge）に分類することもある（図1.3）. しかしながら, 近年ではこの3つを特に区別せず総称して雲放電（intracloud lightning：IC）と呼ぶことが多い. 本書でも特にこの3つに分けることなく, 単に雲放電を用いる. 雲放電は季節や場所により異なるものの, 雷放電全体の6割から9割を占めると考えられており, 多くの雷放電は雲放電である（Prentice and Mackerras, 1977）. 雲放電は雷雲上部で発生することが多く, 放電路の大半が雷雲内であるため, その放電路の詳細を肉眼で見られることは少ない. 雷雲全体がぼんやり光ることでその発生を知ることができる. ただし, 雷雲外にも枝分かれが広がることも時折見られ, 雲放電が写真に収められることもある（図1.4）.

雷雲電荷領域と地表をつなげる雷放電は, 雷雲内の電荷が大地にまで運ばれ, 雷雲内電荷領域の中和が発生する（図1.5）. 雷放電の最初のリーダの伸展方向で2つに大別される. 一つは雷雲から地面へ向けて下向きにリーダが進む落雷（対地雷, 対地放電, downward lightning, cloud-to-ground flash：CG）と

1.3 雷放電種別

図 1.4 雲放電
雷雲内に放電路が広がる様子が確認できる（音羽電機工業株式会社提供）.

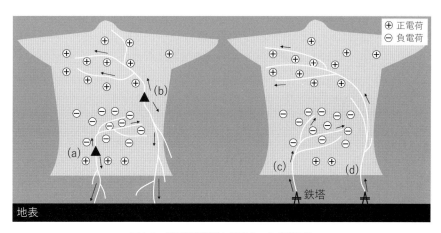

図 1.5 雷雲電荷領域と地表をつなぐ雷放電
(a) 負極性落雷，(b) 正極性落雷，(c) 上向き負極性雷放電，(d) 上向き正極性雷放電．(a)(b) の
▲は開始点を表す．矢印は放電の進む方向を示す．上向き雷放電は鉄塔先端から発生．

逆に地面の樹木や建造物から雷雲へ向けて上昇する上向き雷放電（上向き雷，上向き落雷，upward lightning, ground-to-cloud lightning）がある．さらに落雷と上向き雷放電は雷雲内の中和される電荷の極性（正と負の2種類）でそれぞれ2つに分類される．つまり，雷雲内の負電荷を中和する負極性落雷と上向

き負極性雷放電，雷雲内の正電荷を中和する正極性落雷と上向き正極性雷放電の4つに分類される．なお，日本産業規格（JIS）によると，最初のリーダ伸展の方向にかかわらず雷雲と大地間の雷放電の全てを落雷としている．しかしながら，本書では雷雲内で発生したリーダが下向きに伸展し大地とつながる雷放電のみ落雷とし，地上から上向きに伸展する雷放電を上向き雷放電とする．

　落雷の場合，雷雲から放電が地上へ向けて伸展してくる．文字通り，落ちてくる雷である．この落雷が最もなじみ深い雷放電であろう（図1.6）．雷雲から放電路が出てきて，地上との間の放電が綺麗に見えることが多く，その放電路を肉眼でとらえることは雲放電と比較して容易である．前述の通り，落雷は雷雲内の正電荷を中和する正極性落雷と，負電荷を中和する負極性落雷の2種類に分けられる．負極性落雷は正極性落雷の概ね10倍多く発生するとされており（Williams, 2006），正極性落雷の発生数は少ない．同じ落雷なのになぜ極端に負極性落雷の発生数は正極性落雷よりも多くなるのか，疑問に思われたかもしれない．落雷が負極性となるか，正極性となるかは，その落雷を発生させた雷雲の電荷構造（雷雲内の電荷分布）に大きく依存している（5章参照）．つまり，負極性落雷を引き起こしやすい電荷構造の雷雲の方が，正極性落雷を

図 1.6　負極性落雷
左の落雷は2箇所に落雷する多地点落雷（音羽電機工業株式会社提供）（口絵1参照）．

引き起こしやすい電荷構造の雷雲よりも発生しやすいので，結果として負極性落雷が多いと考えられる（Williams, 2006）．

　上向き雷放電は，雷雲から発生するのではなく，地上から始まるのが最大の特徴である．図1.7は，鉄塔に発生した上向き雷放電である．この写真は一見して，鉄塔への落雷，つまり雷雲から下向きに伸展したリーダが鉄塔に辿り着いた落雷のようにも見える．しかしながら，これは鉄塔から発生した上向き雷放電である．リーダの枝分かれは伸展方向に発生することが知られている．つまり，写真のように放電路がYの字（枝分かれが上向き）の場合は，下から上向きにリーダが伸展していると判断できる．図1.6と図1.7をよく見比べていただきたい．図1.6では，枝分かれが逆さのYの字（枝分かれが下向き）であることから，その違いがよくわかる．なお，図1.5でもその点を確認できる．上向き雷放電の最初の上向きに進むリーダが雷雲内の電荷領域に到達し，雷雲内電荷を中和する．上向き雷放電の発生数は少ないが，冬季の北陸などの日本海沿岸地域に発生する冬季雷の場合夏季と比較し，この上向き雷放電の発生の割合が多くなることが知られている（Rakov and Uman, 2003a）．

図1.7　鉄塔に発生した上向き雷放電
(音羽電機工業株式会社提供)（口絵2参照）

次節では，負極性落雷について，その放電過程を詳細に述べる．正極性落雷や雲放電などそれ以外の雷放電も一つ一つのプロセスは負極性落雷と似ており，負極性落雷のプロセスの理解を深めることが他の雷放電プロセスの理解につながる．

1.4 負極性落雷のプロセス

1.4.1 負極性落雷の全体像

前述の通り，雷雲内の負電荷を中和する落雷を負極性落雷と呼ぶ．まず，負極性落雷の全体像を示した後，各放電プロセスについて述べる．図 1.8 に一般的な負極性落雷の過程を示す．まず，落雷に限らず，雷放電が発生するためには雷雲内に電荷領域が存在しなければならない．ここでは上から正負正の三重極構造（5.2 節参照）を仮定している（図 1.8(a)）．〇重極構造という言葉は電荷構造を表す言葉で，〇に入る数字で鉛直方向に存在する電荷領域の数を表す（つまり，三重極構造は 3 つの電荷領域（正負正）が存在することを示す）．雷放電は電荷領域間の高電界領域で発生するので（3 章参照），図 1.8(a) では，点 A と点 B が雷放電の発生する可能性のある地点となる．このうち，点 B で雷放電が発生，つまり最初のリーダが発生した場合，多くが負極性落雷となる（なお，点 A で発生した場合，多くが雲放電となる．5.8 節参照）．

リーダは非常に電気伝導度が高く，雷雲内電荷による外部電界により，リーダ内部に電荷の偏りが生じる．負電荷の多い先端部を負リーダ，正電荷の多い先端部を正リーダという（図 1.2）．雷雲内で発生した負リーダと正リーダはどちらも同じ 1 つのリーダの一部分で，正リーダと負リーダの双方が同時に伸展する（双方向性リーダ，2.8 節参照）．点 B でリーダが発生した場合，正リーダが鉛直上向きに（負電荷領域に向かって），負リーダは鉛直下方向に（下側の正電荷領域に向かって）それぞれ伸展していく（図 1.8(b)）．鉛直下向きに伸展した負リーダは間欠的に（進んだり止まったりしながら）伸展するために，ステップトリーダ（stepped leader）とも呼ぶ．ステップトリーダはジグザグにかつ，枝分かれを多く発生させながら地上に向けて進む（図 1.8(c)）．

ステップトリーダが地上付近まで達すると，地上からステップトリーダに向

1.4 負極性落雷のプロセス

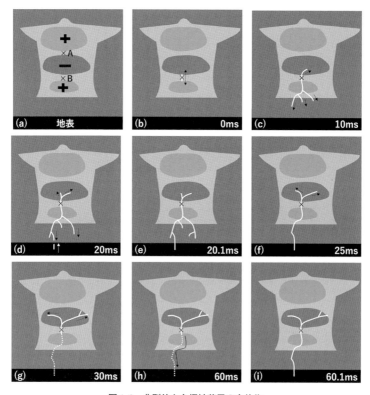

図 1.8 典型的な負極性落雷の全体像

右下に一例として雷放電開始からの経過時間を示す．白で示した線が放電路．(a) 雷雲内に電荷領域が発生．上から正負正の電荷領域が存在．(b) リーダが点Bで発生．(c) 正リーダは上向き，負リーダは下向きに伸展．(d) 負リーダが地面付近まで近づくと，地表から upward connecting leader (UCL) が発生．(e) 負リーダと UCL が結合し，リターンストロークが発生．(f) 雷雲内では正リーダが負電荷領域を伸展．それに伴い，地上では電流が流れ続ける（連続電流）．(g) 放電路の一部が冷却し，電流が流れなくなる（点線部分，カットオフ）．(h) ダートリーダが発生し，放電路を再度電流が流れる状態にする．(i) 2回目のリターンストロークが発生する．

かって，鉛直上向きに upward connecting leader (UCL，結合リーダ) という正リーダが複数発生する（図 1.8(d) の地上から上に伸びる放電．通常複数発生するがここでは簡単のため一つだけの UCL を記載）．上から下降するステップトリーダと UCL の一つが地表付近で接続すると，ステップトリーダと UCL でプラズマ化された経路を通って大電流が流れ，ステップトリーダや雷雲内

の負電荷が中和される（図1.8(e)）．これをリターンストローク（帰還雷撃；return stroke）と呼ぶ．リターンストロークは数十から数百 µs の短時間の現象で，数十 kA の大電流が流れ非常に明るく発光する．我々が肉眼で見ている落雷は，リターンストロークの明るい発光である．

　リターンストローク終了後に，雷雲内では放電路から正リーダが伸展することがあり，これに伴い地上の放電路には電流が流れる（図1.8(f)）．この電流を連続電流（continuing current）と呼ぶ．連続電流は事例により異なるものの，電流は数十から数百 A，継続時間は数十から数百 ms である（Rakov and Uman, 2003b）．放電路は輻射や断熱膨張などにより温度が下がり（Ripoll *et al.*, 2014），電気伝導度が下がるため，やがて放電路の一部で電流が流れなくなる（図1.8(g) の点線部）．放電路に電流が流れなくなることや電流の流れない場所のことをカットオフ（cut off）と呼ぶ．カットオフが正リーダと地上の間で発生すると，地上では電流が流れなくなる．つまり，連続電流の終了である．その後，ダートリーダ（dart leader）と呼ばれるリーダが雷雲から地上に向けて伸展することがある（図1.8(h)）．このダートリーダはカットオフにより電流が流れなくなった経路を再び電流が流れる状態にするプロセスで，ダートリーダにより再び雷雲内の負電荷領域と地表が電気的につながるため，2回目のリターンストロークが発生する（図1.8(i)）．ダートリーダは多くの場合で，ステップトリーダや以前のリターンストロークと同じ経路を通り，前回と同じ場所にリターンストロークが発生することが多い．周囲の全く電離されていない大気よりも，以前に放電が発生した経路の方が電気伝導度は高いため，ダートリーダは同じ経路を取る傾向にあると考えられている．なお，ダートリーダはステップトリーダが通った以前と同じ経路を必ず通るわけではない．途中までは以前の経路を通るものの，途中から別の経路を進むこともある．この場合は1回目とは異なる地点にリターンストロークが発生するため，1つの落雷で複数地点の落雷地点を持つ．これを多地点落雷と呼ぶ．その一例が図1.6の左の落雷で，2箇所に落雷している．2回目のリターンストローク以降も場合によっては，ダートリーダとリターンストロークを一組として，何度かこのプロセスが繰り返される．1回の落雷のうち，発生するリターンストロークの回数を多重度という．例えば，3回のリターンストロークを含む負極性落雷の多重度

は3である．落雷を肉眼で見た時に数回瞬いて見えた経験はないだろうか．肉眼で見た時の瞬きの回数が多重度と概ね考えてよい．次に落雷を見かけた時は，その多重度を確認してほしい．夏季雷の場合は多くの場合で3〜5であることが確認できる．なお，リターンストローク間や最後のリターンストローク後に見られる雷雲内のリーダ伸展などを junction process（J 過程；J-process）と呼ぶことがあるが，近年ではあまり使われていない印象である．

　以上のように，負極性落雷はステップトリーダや UCL などを介して，地上と雷雲内電荷領域を電気的に接続し，リターンストロークを数回発生させる現象である．なお，典型的な1回の負極性落雷で中和される雷雲内の電荷量は30 クーロン程度である（Dwyer and Uman, 2014）．これ以外の落雷のパラメータ（電流値など）は，Rakov and Uman（2003b）に詳細にまとめられている．

1.4.2 ステップトリーダ

　ステップトリーダ（stepped leader）は前述の通り進んだり止まったりを繰り返しながら，ジグザグに進んでいく．ただし止まっている時間は数 μs の短時間である．ステップトリーダのステップの長さは高速ビデオカメラ観測によると数 m で（Hill et al., 2011），ステップトリーダの伸展速度は 10^5 m/s のオーダである（Shao et al., 1995）．ステップトリーダの先端には負電荷が多く存在しており，先端付近は非常に強い電界が形成されている．この強い電界により，先端付近の大気は絶縁破壊を起こし，ステップトリーダは伸展する．ステップトリーダの平均電流は数百 A であり，ステップトリーダの放電路は約1万℃以上にまで加熱されている（Warner et al., 2011）．なお，このステップトリーダの詳細な伸展メカニズムや，ステップトリーダがジグザグに進む理由は，2章で詳しく述べる．

1.4.3 upward connecting leader（UCL）

　ステップトリーダが地上付近に達すると，ステップトリーダ先端の負電荷により地上では逆極性の正電荷が誘導され，地上付近の電界が強められる．特に地上の高い場所や尖った場所の電界が強くなり，このような場所から UCL が複数発生する．負極性落雷で発生する UCL は先端が正極性の正リーダである．

図 1.9　負極性落雷のリターンストローク発生直前の高速ビデオ画像
黒が明るい発光を示す．上側から下降する2つのリーダは負リーダ，下のビルからは多数のUCL（1, 6, 7, 8, 9, 11〜14がラベルされている）が観測されている．リターンストローク発生点とカメラの観測点の距離は161 m．この事例の動画は https://doi.org/10.5281/zenodo.7261368 で公開されている（Movie S3.gif）．許可を得て Saba *et al.* (2022) から転載．

　図1.9は，高速ビデオカメラによるビルへの負極性落雷の観測結果で，負リーダとUCLが結合する直前の画像である．同図で示す通り，枝分かれした下降する2つの負リーダに対して，ビルの屋上から多数のUCLが発生している．複数のUCLがそれぞれ上から下降する負リーダに向かって伸展し，最も早く負リーダに到着したUCLの発生地点が落雷地点となる．なお，この特徴を用いた装置が避雷針である（コラム2参照）．この事例では右側のビルから発生した6とラベルされたUCL（右から2つ目）が負リーダと結合し，リターンストロークが発生している．この事例の動画が公開されており，負リーダに向けてUCLが上昇する様子を確認できUCLをよりイメージしやすいので，一度ご覧になることをお勧めする．また，2章で述べるが，図1.9から負リーダと正リーダの特徴の違いも確認できる．負リーダ先端には，ほうきで掃いたような複雑な発光帯があるのに対して，UCL（正リーダ）先端は周りがぼんやりと発光している．また，負リーダには枝分かれが多く，正リーダには枝分かれが見られない．リターンストロークにより，負リーダ内や雷雲内の負電荷が中和されると，地上付近の電界が急激に小さくなるため，残された他のUCLはそれ以上伸展できなくなり，UCLの気温は下がりやがて消滅する．このよ

うな負リーダとはつながらない UCL を unconnected upward leader（UUL）と呼ぶ文献もある（Saba *et al.*, 2022）．UCL には数十 A の電流が流れると観測から知られている（e. g., Tran and Rakov, 2017）．

図 1.9 からもわかる通り，上から降りてくるステップトリーダを地表から UCL が「お迎えにいく」ように見えることから，UCL をお迎えリーダ（お迎え放電）とも呼ぶことがある．ただし，あくまでこの呼称は通称なので学術用語ではない．しかしながら，研究者仲間での日常的な議論では，よく利用されている印象である．

UCL に伴う電流はリターンストロークと比較すると小さいため，発光強度もリターンストロークと比較すると小さい．つまりその発光は暗い．落雷を写真撮影しても通常は写ることは少ないが，至近距離で落雷の撮影に成功した場合に UCL が写り込むことがある．その一例が図 1.10 である．落雷が発生しているが，よく見ると左手前側の堤防（またはその向こう側の海上）と思われる場所から，うっすらと数 m ほどの鉛直に伸びる発光を確認できる（図 1.10(b)）．

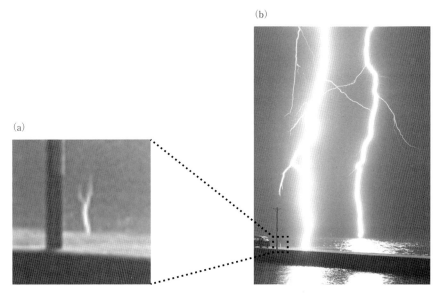

図 1.10 落雷に伴い発生した UCL
(a) 左下の電柱付近（(b) の枠内）に発生した UCL を拡大．(b) 落雷の写真全体．左下の電柱のすぐ右に非常に短い発光が確認できる（音羽電機工業株式会社提供）．

これがステップトリーダとつながらなかった UCL である．さらにこの光を拡大する（図 1.10(a)）と，鮮明ではないものの UCL は上向きの枝分かれ（Y の字）を有すると考えられ，地表から上向きに伸展する放電であることも確認できる．この UCL はステップトリーダとつながらず，落雷地点から少し離れた地点に写り込んでいる．この写真のように至近距離に発生した落雷の撮影に成功すると，UCL を稀に撮影できる場合がある．

1.4.4 リターンストローク

　リターンストローク（帰還雷撃；return stroke）は，ステップトリーダやダートリーダにより雷雲内電荷領域と地表が電気的につながり，その経路を通して大電流が流れるプロセスである．リターンストロークのピーク電流は数 kA から数十 kA に達し，非常に明るい発光現象である．数 kA を超える大電流は概ね数十 μs から 200 μs 程度継続する．1 回の落雷中に複数回発生したリターンストロークのうち，最初のリターンストロークを特に first return stroke（第一帰還雷撃），2 回目以降を subsequent return stroke（後続帰還雷撃）と呼ぶ．前述の通り，ダートリーダがステップトリーダと同じ経路を取ることが多いため，第一帰還雷撃と後続帰還雷撃は同じ経路を取ることが多い．

　1 回のリターンストロークによる中和電荷量は観測によると数クーロン，リターンストロークと次のリターンストローク間の時間（inter stroke duration）は，数 ms から数百 ms である（Rakov and Uman, 2003b）．

　図 1.11 は負極性落雷を至近距離（約 200 m）での撮影に成功した事例である．この写真では少なくとも 3 本の明るい光の筋を見ることができる．この発光の一つ一つが，1 回 1 回のリターンストロークである．このリターンストロークの光の下端が同じビルの屋上の一点につながっていることから，1 回の落雷であることが確認できる．これらのリターンストロークの発光はほぼ同じような形状をして並んでいることから，3 回とも同じような経路を取ったことがわかる．この事例では，リターンストロークに伴う電気伝導路の高い経路が風により少しずつ右から左に移動したため，このように撮影されたと考えられる．右のリターンストロークが第一帰還雷撃で，後続帰還雷撃が少し左にずれて写っている．なお，髭のように左上に伸びる発光は後に述べる通り連続電流による

1.4 負極性落雷のプロセス

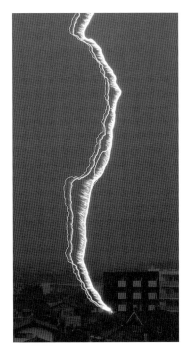

図 1.11 至近距離（約 200 m）に発生した落雷
明るく見える細い光の筋が少なくとも 3 つ確認できる．
その一つ一つがリターンストロークである．一番右のリ
ターンストロークには髭のようなうっすらとした光の筋
が確認できる（左から 2 つ目にも僅かに確認できる）．
これが連続電流である（音羽電機工業株式会社提供）（口
絵 3 参照）．

発光である（リターンストロークに後続して発生する連続電流がリターンスト
ロークから左に伸びていることから，左から右ではなく，右から左に風が吹い
ていると判断できる）．

リターンストロークの明るい発光は，地上から雷雲内に向かって上昇し，そ
の上昇速度は 10^8 m/s オーダの光速に近い速度であることが観測により知ら
れている．リターンストロークの明るい場所は，3 万℃に達する（なおこの 3
万℃は「地上の最も高温な場所」としてギネスブックに登録されている）．こ
のリターンストロークによりステップトリーダ内の負電荷や，雷雲内負電荷領
域の負電荷が中和される．リターンストロークでの電荷中和過程は定量的には

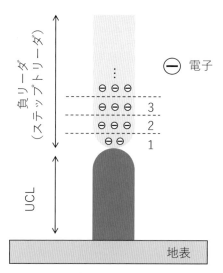

図 1.12　負リーダと UCL が接続した瞬間の概念図
負リーダも UCL もどちらも電子と陽イオンの混在する
プラズマ状態．負リーダ先端付近のみ電子を記載．

まだ完全には理解されていないが，Cooray (2015) を参考に研究者間で概ね共有されている定性的な理解を示す（図 1.12）．ステップトリーダと UCL が接続する直前のステップトリーダ先端には負電荷，つまり電子が存在する．ステップトリーダと UCL が接続すると，電荷の移動が始まる．ここで電子の質量は陽イオンの質量よりも小さいため，電子の移動度（単位電界を与えた時の媒質中の物質（電子，陽イオンなど）の速度．易動度ともいう）は陽イオンの移動度よりも非常に大きく，実質的に動いているのは電子である．ステップトリーダと UCL が接続すると，ステップトリーダの最下層の電子（図 1.12 中の 1 の電子）が下向きの大きな力を受けて下向きに加速し地表に達する．次の瞬間には，最下層の少し上の電子（図 1.12 中の 2 の電子）が下向きの大きな力を受けて，下向きに加速し地表に到達する．そしてその次の瞬間は 3 の電子が……，というように負リーダの最下層から徐々に上側に存在する電子層が，下向きの大きな力を受け下向きに加速され，放電路を通って地表に達する．電子が下向きの力を受けて大きく加速され大電流が流れ，結果高温となり明るく光る．

Cooray (2015) は，リターンストロークの電子の動きを，長い筒と砂を使っ

て説明している．それによると，長い筒（上面・底面には何もない，つまり筒抜けの状態）の内部を砂で満たした後,底面を手で蓋をして筒を鉛直に立てる．その後,手の蓋を外すと砂が下から順に落ちていく.長い筒がリターンストロークの放電路，砂が電子，砂が落ち始める場所（すなわち電子が急加速される場所）が明るい発光を始める部分である．

リターンストロークは下から上に進む，とあたかも「何かの特別な物質」が地表から雷雲に向かって進んでいるかのような報道を時々見聞きする．しかし，その表現は間違っているといってよいだろう．確かに明るく光る部分は前述の通り地上から上空に向かって進んでいるが，実際に発生していることは，電子が最下端から順に地面に向けて移動しているだけで，「何かの特別な物質」が上に向かって進んでいるわけではない．上昇しているのは，電子が下向きに急加速する部分が上昇している，という理解が正しい．なお，電子の進む方向と逆方向が電流の定義となるので，電流は地表から雷雲に向かって流れていることとなる．

1.4.5 連続電流

リターンストローク発生後にも，継続して地上と雷雲の間に放電路が維持され，地上に電流が流れ続けることがある．これを連続電流（continuing current）と呼ぶ．連続電流の平均的な継続時間は数十から数百 ms で，その電流値は数十から数百 A である（Rakov and Uman, 2003b）．なお，連続電流が伴わないリターンストロークもたびたび発生しており，連続電流は必ず発生するわけではない．

連続電流を定性的に理解するために，リターンストローク発生後の放電路について考える（図 1.13）．リターンストロークにより放電路と大地の間の電位差が解消され，放電路と地上が同電位となる．このため，負電荷領域と放電路の上端には大きな電位差が生じ，負電荷領域内，または負電荷領域付近にある放電路上端に正電荷が誘導される（図 1.13(a)）．ここで，この放電路先端の電界が十分高ければ，この放電路から正リーダが伸展する．放電路から正リーダが伸展すると地表から正リーダ先端へ正電荷が供給されることとなり，これに伴い地上で観測される電流が連続電流である（図 1.13(b)）．連続電流はい

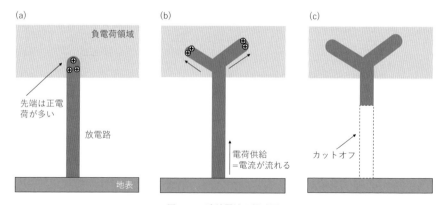

図 1.13 連続電流の概略図
(a) リターンストローク終了後の放電路と負電荷領域. 雷雲内の負電荷により放電路（特に先端）に正電荷が誘導される. (b) 放電路先端での電界が十分強ければ, 正リーダが負電荷領域内を伸展し, 地上では連続電流が観測される. (c) 放電路の一部が冷却などにより電流が流れなくなる部分（カットオフ）が発生すると, 地上では連続電流は観測されない.

つまでも流れるわけではない. 連続電流が小さくなると, リターンストロークにより高温となった放電路は冷却され, 放電路の一部では電子と陽イオンの再結合や電子の大気分子への付着が進む. 冷却により電子密度が下がるため, 放電路の一部は電流が流れない状態（カットオフ）となる. 伸展している正リーダと地表が電気的に切断されると, 連続電流は終了する（図 1.13(c)）. ただし, 放電路内にカットオフが発生しても, 正リーダ先端の電界が十分大きければ正リーダは伸展することができる. この後の正リーダがどうなるかについては次項で述べる.

連続電流は, リターンストロークの写真（図 1.11）でも確認することができる. 一番右のリターンストロークには, 左上に無数に伸びる髭状の暗い光の筋を見ることができる（左から 2 番目のリターンストロークにも僅かに確認できる）. この光の筋が連続電流による発光である. 連続電流はリターンストロークよりも電流が小さいため, リターンストロークより発光は暗い. 前述の通り, リターンストロークの大電流の継続時間は短く, 連続電流の継続時間は長い. そのため, この写真のように風に流された場合は, リターンストロークは明るい細い筋のように見えて水平方向の広がりは見えない一方, 連続電流の発光は横にたなびいて見える.

連続電流で流れる電流は，前述の通り数十から数百 A 程度でリターンストロークのピーク電流の数十 kA と比較すれば，2～3 桁小さい．しかしながら，中和電荷量（中和された電荷量）はリターンストロークよりも平均して大きい．リターンストロークの大電流の継続時間は概ね数十から 200 µs に対して，連続電流は数十から数百 ms であり継続時間が 3 桁以上も大きいこともある．中和電荷量は電流×時間であるため，結果として連続電流による中和電荷量の方が大きくなる．過去の観測結果によると，連続電流による中和電荷量は平均で 10 クーロンを超えることが多く（e.g., Schumann et al., 2016），これはリターンストロークの中和電荷量（数クーロン）よりも大きい．なお，中和電荷量の大きな落雷は，被雷した地上建造物に大きな被害を与えることが多く，電力設備などにも大きな被害が生じる．このためリターンストロークだけではなく，連続電流のモニタリングも重要視されており，近年では人工衛星観測と地上観測を組み合わせた連続電流の継続時間のプロダクトも発表されている．

1.4.6 リコイルリーダ

リターンストローク発生後に，放電路から正リーダが伸展し連続電流が発生することは，既に述べた（図 1.13）．その後，放電路にカットオフが発生し，地上と正リーダが電気的に絶縁されると，連続電流は終了する．ここでは，カットオフ発生後の正リーダとそれに関連して発生するリコイルリーダ (recoil leader) について述べる（図 1.14）．なお，リコイルリーダの発生メカニズムはまだ明らかではないが，Cooray (2015) を参考にそのメカニズムを考える．

カットオフが発生すると，この正リーダは連続電流が流れている放電路からは電気的に切り離される．そのため，カットオフ後の正リーダ部分は大気中にプラズマが電気的に浮いた状態となる（図 1.14(a) の右端の放電路の部分）．この後，雷雲内電荷によりカットオフ後の正リーダの先端（図 1.14(b) では点 A）の電界が十分強められた場合には，正リーダが伸展する（図中右上方向の矢印）．正リーダが伸展するとその逆（点 B）では負電荷が蓄積する（図 1.14(b)）．なお，正リーダは伸展しなくても雷雲電荷による電界により，点 B では負電荷が誘導される．いずれにせよ，点 B における負電荷量が十分大きくなった場合，正リーダとは逆側の点 B 付近から負リーダが発生する（図 1.14

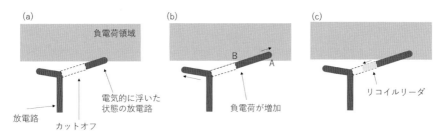

図 1.14 リコイルリーダの概略図
放電路の先端付近のみ表示．(a) 正リーダでカットオフが発生．(b) カットオフ発生後も正リーダは右上方向に伸展．正リーダ伸展に伴いその逆の端（点 B）で負電荷が増加する．(c) 点 B の負電荷により電界が十分強くなれば，リコイルリーダ（負リーダ）が発生．

(c)）．この負リーダは，カットオフにより電気伝導度が下がった部分をもう一度，電気伝導度の高いプラズマ状態にしていく．この負リーダはかつて正リーダが通った経路を逆向きに伸展していることから，リコイルリーダ（recoil leader）と呼ぶ（"recoil" は「跳ね返る」などの意）．過去にはリコイルストリーマと呼ぶ文献もあったが，この現象はストリーマではなく，電気伝導度の高いリーダであることから，近年ではリコイルリーダと呼ぶことが一般的である（Mazur, 2016）（ストリーマとリーダの違いは 2.3 節，2.4 節参照）．なお Mazur (2016) は，より詳細なリコイルリーダの発生メカニズムを示しているが，ここでは割愛する．

ステップトリーダは電離されていない大気（virgin air）を，絶縁破壊を起こしながら伸展するのに対して，リコイルリーダはリターンストロークや正リーダにより一度プラズマ化された，電気伝導度の高い経路を伸展する．リコイルリーダはステップトリーダよりも，通りやすい経路を取る，といってもよいであろう．そのためリコイルリーダの伸展は virgin air を伸展するステップトリーダの速度よりも大きい．リコイルリーダの速度は 10^6 m/s のオーダであり (Akita *et al.*, 2010)，ステップトリーダの速度（10^5 m/s のオーダ）よりも 1 桁大きい．

これまで観測されたリコイルリーダは先端に負電荷の多い負極性だけであり，正極性のリコイルリーダは観測されていない (e. g., Mazur, 2016)．すなわち，正リーダが通った経路を逆向きに進む負のリコイルリーダは観測されて

いるが，負リーダが通った経路を逆向きに進む正のリコイルリーダは観測されていない．この理由は，いくつかの推測はあるものの，よくわかっていない（e.g., Mazur, 2016）．

リコイルリーダと関連の深い現象として挙げられるのが，ダートリーダ，K過程，M-componentである．これらの3つの現象はもともと別々に定義されてきたが，今ではリコイルリーダを用いて，これらの現象を説明することができる．ダートリーダは前述の通り，2回目以降のリターンストロークを引き起こす，雷雲から地上に達するリーダである．K過程は，リターンストローク後や雲放電において，地上電界波形で見られる速い電界変化（K変化）を引き起こす雷雲内の放電現象である．また，M-componentは，リターンストローク後の連続電流に重畳する大きな電流パルスで，このM-componentが発生すると放電路は明るく光る（Rakov and Uman, 2003b）．

図1.15(a)のように，放電路の大半がカットオフとなり，連続電流がない状態を考える．ここで右上の放電路の左側からリコイルリーダが発生することを考える．このリコイルリーダが経路中のカットオフをプラズマ化し，地表ま

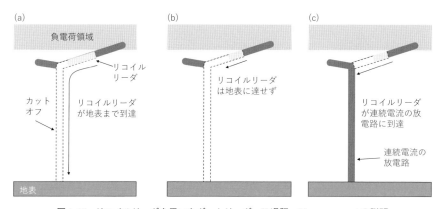

図1.15　リコイルリーダを用いたダートリーダ，K過程，M-componentの説明
どのプロセスもリコイルリーダが発生することから始まる．(a) ダートリーダ：カットオフにより連続電流が流れていない状態で，リコイルリーダが発生．その後，リコイルリーダがカットオフをプラズマ化して，地表と雷雲内電荷領域を電気的に接続し，リターンストロークが発生する．(b) K過程：リコイルリーダがカットオフの途中で終了する．(c) M-component：連続電流の流れている時に，リコイルリーダが発生し，カットオフをプラズマ化．これにより，連続電流にはパルス状の電流ピーク（M-component）が観測される．

で辿り着いた場合は，雷雲内の電荷領域と地表が電気的に接続されるため，リコイルリーダが通った経路を介してリターンストロークが発生する．この場合のリコイルリーダがダートリーダである．

図 1.15(b) のように発生したリコイルリーダが地表まで辿り着かないこともあるだろう．当然のことながら，雷雲内電荷領域と地表は電気的には接続しないので，リターンストロークは発生しない．この途中まで進むリコイルリーダに伴い電荷移動が発生すると，地上では速い電界変化（K 変化）が観測されることがある．

図 1.15(c) では，連続電流が流れている時にリコイルリーダが発生している．発生したリコイルリーダが，連続電流の放電路まで到達すると，雷雲内電荷領域と地上が電気的につながるため，雷雲内のまとまった電荷量が中和される．これに伴い大きな電流パルスが連続電流に重畳して観測され，これがM-component である．

1.5 正極性落雷

正極性落雷（positive cloud-to-ground lightning）は雷雲内で発生したリーダのうち，正リーダが地上に達し雷雲内の正電荷を中和する現象である．正リーダは先端に正電荷が多いリーダで，下向きに伸展し地表に到達する．正電荷を担う陽イオンの移動度は電子の移動度よりも小さいので，正リーダ先端で実質的に動いているのは電子である．正リーダ先端ではリーダ伸展により発生した電子が上向きに移動することにより，正電荷が下向きに移動している．正リーダ伸展に関してより詳しくは，2.4.1 項で述べる．負極性落雷とは中和される電荷の極性が逆である以外は負極性落雷と正極性落雷は似ている．ただし，負極性落雷では見られない，正極性落雷特有の性質がある（Rakov, 2003）．

- 発生数が少ない．負極性落雷発生数の概ね 10 分の 1．
- ピーク電流や中和電荷量が負極性落雷と比較し，統計上大きい．
- 多くの正極性落雷では多重度が 1 である．（負極性落雷の多重度は多くの場合 3〜5）
- スプライト（コラム 1 参照）を発生させ得る落雷は正極性落雷の方が多い．

正極性落雷や次に述べる上向き雷放電の発生数は少ないものの，中和電荷量が大きくなることが多く，被雷した建造物に大きな被害をもたらすことがある．このため電力工学的な視点でも，正極性落雷の研究が進められている．正極性落雷が多発する雷雲として，冬季日本海沿岸の雷雲などが知られている．なぜこれらが正極性落雷を発生させやすいのか，その疑問については5.5節で詳しく取り上げる．

1.6 上向き雷放電

　地上の高い建造物や樹木からリーダが発生し，雷雲内の電荷領域に向けて上向きに上昇し，雷雲内電荷領域を中和する現象を上向き雷放電と呼ぶ（図1.16）．上向き雷放電は雷雲内の中和される電荷の極性により正と負に分ける．つまり，雷雲内の正（負）電荷を中和するときは，上向き正（負）極性雷放電と呼ぶ．なお，雷雲内の正電荷と負電荷の両方を中和する両極性の上向き雷放電（bipolar lightning）も存在する（Rakov, 2003）．上向き雷放電において，地上から発生する最初の上向きに伸展するリーダを上向きリーダ（upward leader）と呼ぶ．図1.16は上向き負極性雷放電の概念図で，鉄塔から正極性の上向きリーダが発生し，雷雲の電荷領域内に到達し雷雲内電荷を中和する（図1.16(b)）．その後，放電路が冷却しカットオフの状態になる（図1.16(c)）．この後，場合によっては，ダートリーダが発生しリターンストロークが発生する（図1.16(d)）．

　上向き雷放電では，リターンストロークが必ず発生するわけではない．その場合は図1.16の (a)〜(c) で完了する．さらに，リターンストロークが発生するのは上向き負極性雷放電のみであり，上向き正極性雷放電の場合は，最初の上向き負リーダだけで終了し，リターンストロークが観測されていないようだ（Mazur, 2016）．なぜ上向き正極性雷放電ではリターンストロークが観測されないのか．この点にご興味ある方はMazur（2016）の議論を参照いただきたい．

　上向き雷放電の発生には，上向き雷放電発生点（高い建造物の先端など）で，雷雲電荷による地上での大きな電界が必要である．電界は電荷からの距離の2

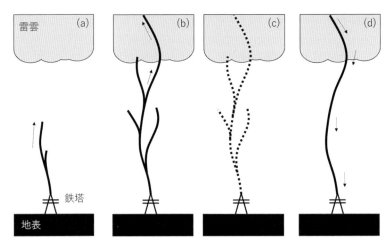

図 1.16　上向き負極性雷放電の一連の過程
(a) 鉄塔から正極性リーダが雷雲に向かって上向きに伸展．(b) 上向き正極性リーダが雷雲内電荷領域に到達し，雷雲内電荷を中和．(c) 放電路が冷却されカットオフが生じ（点線），鉄塔では電流が観測されなくなる．(d) ダートリーダ（矢印）とリターンストロークが発生する．上向き正極性雷放電の場合は，鉄塔から上昇するリーダは負極性である．また，上向き正極性雷放電の場合は，(a)〜(c) で雷放電が完了し，(d) のダートリーダやリターンストロークが観測されていない．

乗に反比例するため，雷雲電荷領域と地上の距離が近ければ，上向き雷放電が発生しやすくなる．すなわち，①雷雲内の電荷高度が低い，②建造物の高さが高いなどの条件があると発生する．この①と②の両方の条件があれば，より発生しやすいと考えてよい．①の条件に合うのは冬季雷である．雷雲内電荷が主に存在すると考えられる $-10°C$ 高度（4.2 節参照）が，冬季では夏季と比較し地上に近いため，上向き雷放電が発生しやすい．②の条件に合うのは，東京スカイツリーのような高い建造物や山頂の建造物で，これらには上向き雷放電が発生しやすい．東京スカイツリーでの 7 年間の観測結果によると，全被雷事例数が 65 回に対して，落雷は 25 回，上向き雷放電は 40 回と，上向き雷放電の方が多い（図 1.17）．落雷は 5 月から 9 月の暖候期に集中している一方で，上向き雷放電は 10 月と 11 月を除いて年間を通して発生している．冬季では対流活動は活発ではないが，$-10°C$ 高度が低くなるため上向き雷放電が発生していると考えられる．一方夏季（6 月〜8 月）では，$-10°C$ 高度は冬季と比較し高

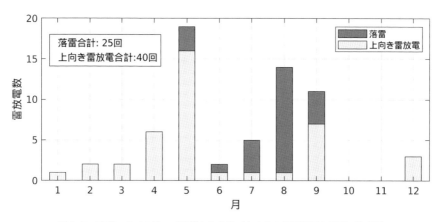

図 1.17 東京スカイツリーで観測された月ごとの上向き雷放電と落雷の発生数
2012年から2017年のデータを利用．超高構造物における雷撃特性調査研究委員会（2020）をもとに作成．

くなり上向き雷放電は発生しにくい状況であるが，東京スカイツリーの高度が高いため数回の上向き雷放電が発生していると考えられる．なお，4月，5月，9月で特に上向き雷放電が多い．はっきりした理由はこのデータだけではわからないが，この3か月では $-10{}^\circ\mathrm{C}$ 高度が低いながらも雷活動が活発な事例があったものと推察される．

1.7 雲放電

雲放電（intracloud lightning）はこれまで述べてきた落雷や上向き雷放電と異なり，リーダは地上まで達しない．雲内で等量の電荷が中和される現象である．雲放電のプロセスは基本的には負極性落雷のそれと大きくは異ならない．ただし，大地にリーダが到達するわけではないのでリターンストロークは発生しない．雲放電も電荷領域間の高電界領域で最初のリーダが発生する．このリーダを起点として，負電荷領域側に正リーダ，正電荷領域側に負リーダが進み，正負リーダにより等量の電荷が中和される．その後も，何度か正電荷領域，雷雲内電荷の中和プロセスが発生している．

コラム1　高高度放電発光現象

　本書では雷雲と地表間，もしくは雷雲内で発生する雷放電に関する話題を主に取り扱っている．一方で，雷雲上空から宇宙空間に向かって進む放電も存在し，それらを総称して高高度放電発光現象（transient luminous events：TLEs）と呼ぶ．スプライト（sprite），ブルージェット（blue jet），巨大ジェット（gigantic jet），エルブス（elves）が代表的なTLEsであり，他にはヘイロー（halo），トロール（troll）など他にも数種類存在している（図C1.1）．これらの現象は雷雲上部で発生する現象なので，通常これらの現象を目にすることはない．100年ほど前からTLEsの存在はパイロットの目撃証言からあったが，科学的にTLEsの存在が確認されるのは1990年前後以降である．1989年にビデオカメラに偶然噴水状の発光が確認されてから，雷雲の上の放電が着目され，スプライト，ブルージェット，巨大ジェット，エルブスが立て続けに発見される．

　スプライトは高度50～90 kmで発生する赤い発光で，形状は人参型，円柱型などいくつかに分類されている．図C1.2に茨城県沖で観測されたスプライトを示す．2つのスプライトの下に見える地上付近の発光はこれらのスプライトを発生させた雷放電である．スプライトは雷放電のようなリーダではなくストリーマと考えられている．スプライトは正極性落雷のうちの中和電荷量の多い場合に伴い発生することが多い．有力な「準静電場による絶縁破壊メカニズム」によれば，正極性

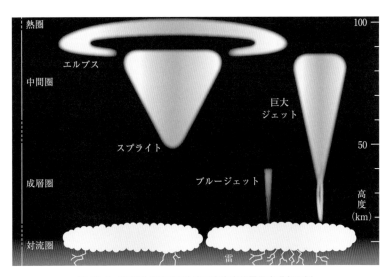

図C1.1　雷雲の上部で発生する高高度放電発光現象の例

コラム1　高高度放電発光現象　　27

図 C1.2　茨城県沖で観測されたスプライト
地表に近い発光が雷放電で，その上に2つのスプライトが発生している（音羽電機工業株式会社提供）．

　落雷により雷雲上部の正電荷が短時間で中和されると，雷雲よりも上部に存在していた負電荷は雷雲内の負電荷領域から上向きの力を受けて加速し，最終的にスプライトに至ると考えられている．
　ブルージェットは雷雲上部から上向きに進む青色の光で，およそ高度50 kmまで達する（およそ高度25 kmまでのものはブルースタータ（blue starter）と呼ぶ）．ブルージェットもスプライトと同じくストリーマである．近年では国際宇宙ステーションからの観測により，narrow bipolar event（NBE）と呼ばれる短パルスの放電に関連している可能性が示唆されている．詳しいブルージェットのメカニズムについてはよくわかっていない．
　巨大ジェットは雷雲上部からおよそ高度80 kmの電離圏に達する放電である．口絵7に示すように，巨大ジェットの下部は白い発光で，上に行くに従い，青，赤と発光が変わる．巨大ジェットはリーダとストリーマが混じった放電で，口絵7では，雷雲上部のすぐ上では白い発光があり，この部分がリーダで，それより上部の青や赤の発光はストリーマである．巨大ジェットの発生メカニズムの一つは5.8節で述べる．上部の正電荷領域が負電荷領域よりも電荷量が少ない状況で，負電荷領域の上部でリーダが発生し，そのリーダが地上へ向かわずに電離層に向かっ

て上昇し続けてきた場合である．

　エルブスはおよそ高度 90 km に発生する赤い光の環で水平方向に数百 km にわたり広がる．厚さは 10 km 程度と考えられている．TLEs の中では最も発生数が多い TLEs であると考えられている．エルブスは雷放電発生時の強い電磁波が電離圏下部の電子を加熱し発生する発光であると考えられている．

コラム 2　避雷針

　ステップトリーダが地上付近まで近づくと，ステップトリーダ先端の電荷の影響を受けやすい地上の高い物体の先端（避雷針（lightning rod）や樹木の先端など）から，UCL（1.4.3 項参照）が発生しやすい．これは電界の強度が電荷からの距離の 2 乗に反比例することからも理解できる．高い場所では低い場所よりも，先に UCL が発生しやすく，またステップトリーダに近いため，高い場所で発生した UCL の方が先にステップトリーダに到達する可能性が高い．結果的に周囲より高い避雷針や樹木に落雷する可能性が高くなる．これが避雷針の原理である．避雷針の先端は周囲より高いため，落雷を受けやすい．結果的に周囲の建造物を落雷被害から守ることが可能となる．

　ただし，高い場所に落雷が発生する可能性が高いというだけであり，常に高い場所に落雷が発生するわけではない．つまり，何かの理由で最も高い場所か

図 C2.1　最も高い場所以外にリターンストロークが発生した落雷
(a) ビルへの落雷．2 回のリターンストロークが発生しているが，そのうち一回はビルの側面に発生．
(b) 東京スカイツリーへの落雷．リターンストロークの一つは東京スカイツリーの最高点に落雷しているが，もう一つはその少し下に落雷している．（音羽電機工業株式会社提供）

ら発生したUCLよりも，より低い場所から発生したUCLが先にリーダにつながることがある．図C2.1に最も高い場所以外にリターンストロークが発生した例を挙げる．図C2.1(a)ではビルへの落雷で2回のリターンストロークが発生しているが，そのうち1回は，ビルの最上部ではなくビルの側面にリターンストロークが発生している．また図C2.1(b)は東京スカイツリーの落雷の事例で，この場合も2回のリターンストロークが発生しており，そのうち1回は東京スカイツリーの最上部ではなく，そこから数十m下に発生している．これらの写真から，落雷は必ず高い場所に発生するわけではないことが理解できる．

文　献

[1] Akita, M. *et al*., 2010：What occurs in K process of cloud flashes?. *J. Geophys. Res*., **115**, D07106, doi：10.1029/2009JD012016.

[2] 超高構造物における雷撃特性調査研究委員会，2020：東京スカイツリーで観測された落雷の特性，電気設備学会誌，**40**, 3, 198-202.

[3] Cooray, V., 2015：Mechanism of lightning flashes. In：*An Introduction to Lightning*, Springer, Netherlands, 91-116.

[4] Dwyer, J. R. and M. A. Uman, 2014：The physics of lightning. *Phys. Rep*., **534**, 147-241.

[5] Hill, J. D. *et al*., 2011：High-speed video observations of a lightning stepped leader, *J. Geophys. Res*., **116**, D16117, doi：10.1029/2011JD015818.

[6] Mazur, V., 2016：The physical concept of recoil leader formation. *J. Electr*., **82**, 79-87.

[7] Prentice, S. S. and D. Mackerras, 1977：The ratio of cloud to cloud-ground lightning flashes in thunderstorms. *J. Appl. Meteorol*., **16**, 545-549.

[8] Rakov, V. A., 2003：A Review of positive and bipolar lightning discharges. *Bull. Amer. Meteor. Soc*., **84**, 767-776.

[9] Rakov, V. A. and M. A. Uman, 2003a：Winter lightning in Japan. In：*Lightning Physics and Effects*, Cambridge University press, 308-320.

[10] Rakov, V. A. and M. A. Uman, 2003b：Downward negative lightning discharges to ground In：*Lightning Physics and Effects*, Cambridge University press, 108-213.

[11] Ripoll, J-F. *et al*., 2014：On the dynamics of hot air plasmas related to lightning discharges：1. Gas dynamics. *J. Geophys. Res. Atmos*., **119**, 9196-9217.

[12] Saba, M. *et al*., 2017：Lightning attachment process to common buildings. *Geophys. Res. Lett*., **44**, 4368-4375.

[13] Saba, M. *et al*., 2022：Close view of the lightning attachment process unveils the streamer zone fine structure. *Geophys. Res. Lett*., **44**, e2022GL101482.

[14] Schumann, C. *et al*., 2016：Charge transfer in natural negative and positive downward

flashes. In : *29 th International Conference on Lightning Protection（ICLP）*, **4**, 6-11, Estoril, Portugal.
[15] Shao, X. M. *et al.*, 1995 : Radio interferometric observations of cloud-to-ground lightning phenomena in Florida. *J. Geophys. Res.*, **100**(D2), 2749-2783.
[16] Tran, M. D. and V. A. Rakov, 2017 : A study of the ground-attachment process in natural lightning with emphasis on its breakthrough phase. *Sci. Rep.*, **7**, 15761.
[17] Warner, T. A. *et al.*, 2011 : Spectral (600-1050 nm) time exposures (99.6 µs) of a lightning stepped leader. *J. Geophys. Res.*, **116**, D12210, doi : 10.1029/2011JD015663.
[18] Williams, E. R., 2006 : Problems in lightning physics—the role of polarity asymmetry. *Plasma Sources Sci. Technol.*, **15** S91, doi : 10.1088/0963-0252/15/2/S12.

CHAPTER 2
雷放電とプラズマ

2.1 はじめに

　雷放電の経路である放電路は 1.2 節で述べた通り，プラズマである．プラズマの一つであるリーダを使って，雷放電諸過程についての説明をこれまで進めてきた．本章では雷放電のプラズマについてより詳しく述べる．雷放電に関連するプラズマは 2 種類あり，ストリーマとリーダである．両者の違いは一言でいえば電気伝導度の違いである．ストリーマは大気の電離があまり進んでいないプラズマで電気伝導度は高くない．そのため大電流を流すことはできない．その一方で，リーダは大気の電離が進み，電気伝導度が高い状態で大きな電流を流すことが可能である．

　ストリーマとリーダは，その先端の電荷の極性で正と負に分類される．例えば，先端に負電荷が多い場合は，負リーダという（その逆は正リーダ）．リーダやストリーマは極性が違っても似ている部分もあるが，伸展様相などその特性が大きく異なる特徴もある．この点についても，室内実験や雷放電の高速ビデオカメラ映像を用いて議論する．

　2.2 節で簡単にプラズマとは何かを説明した後に，雷雲中でのプラズマ生成について述べる．2.3 節と 2.4 節では，高電圧を使った室内実験を用いて，ストリーマとリーダについてそれぞれ説明する．正と負のストリーマ発生に必要な電界の強さが異なることが知られており，2.5 節でその理由について示す．2.6 節では実際の雷放電の正リーダ，負リーダの高速ビデオカメラ画像を用いて，両者の違いを確認する．2.7 節ではなぜ雷放電はジグザグに進むように見えるのか，という基本的な問いに，負リーダの伸展メカニズムから説明する．さらに 2.8 節では正と負のリーダが双方向に伸展する，双方向性リーダについ

てその考え方と観測結果を併せて示す.

2.2 プラズマとは

プラズマとは，固体，液体，気体に次ぐ，第4の相とも呼ばれている状態である（図2.1）．氷などの固体は分子が互いに強く結びついた状態である．固体内の分子は熱による振動は可能であるが，分子は互いに強い力で結びついており，もとの構造は崩れない．この状態から温度が上がると，やがて分子間の引きあう力は固体よりも小さくなるため，分子がそれぞれ離れて秩序だった状態ではなくなり，流動的に変化するようになる．これが液体である．さらに温度を上げていくと，分子間の引き合う力はさらに小さくなり分子それぞれが大きく離れて無秩序に存在できるようになる．これが気体である．氷，水，水蒸気で考えれば想像できるだろう．

ここからさらに気温を上げていくと，どうなるだろうか？　大気分子が激しい熱運動をしはじめ，これらの大気分子間の衝突により大気分子（窒素分子，酸素分子など）の電離が発生する（熱電離）．中性の分子，電子，電子を一部失った分子（陽イオン）・原子などが混在する状態となる．これがプラズマである．大気の一部がプラズマ化し，そのプラズマが周囲の電界により成長し（つまり，伸びていくこと），時には枝分かれをしながら地面に達するのが雷放電である．雷放電は数十kmから時には数百kmにわたる非常に長いプラズマであるが，

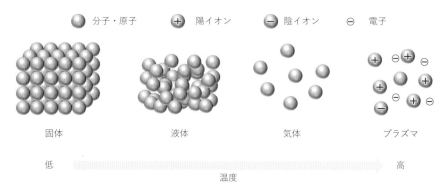

図2.1　プラズマの概念図

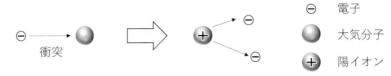

図 2.2　衝突電離の模式図
加速した電子が大気分子（窒素分子，酸素分子など）に衝突して，大気分子をイオン化．
1つの電子と大気分子から，2つの電子と陽イオンが発生．

　その幅は数 cm と考えられている（Dwyer and Uman, 2014）．雷放電以外にも自然界にプラズマは存在し，極域付近で発生するオーロラや地上からおよそ上空 80 km 以上に存在する電離圏などが挙げられる．

　雷放電のプラズマはどのようにして発生するのだろうか？　前述の通り高温（概ね数千℃以上）になれば分子間の衝突により電離し，プラズマとなる．しかしながら，対流圏では特に加熱がなければ，このような高温に達することはない．1.2 節で述べた通り，大気は二次宇宙線などにより少しだけ電離しており，大気中には僅かながら電子や大気イオン（陽イオン，陰イオン）が存在している．大気中に僅かに存在するこれらの電子が，雷放電のプラズマ生成に重要な働きをしている．大気中の電子が雷雲内の強い電界により加速され大きな運動エネルギーを得た場合，大気分子との衝突により大気分子がイオン化し（衝突電離，図 2.2），雷雲内でプラズマが発生する．雷雲内には数十クーロンに達する大量の電荷が存在しており，これらの電荷により強い電界が形成されている．なお，数クーロンでも大きな電荷量である．例えば，1 m 離れた +1 クーロンと −1 クーロンの電荷間には，100 万トンの質量にかかる重力と同程度の引き合う力がかかる．この雷雲内電荷が生み出す大きな力が，雷放電のプラズマを生み出す源である．次節以降に文献（Petersen *et al.*, 2008；Dwyer and Uman, 2014；Mazur, 2016）を参考にして，雷放電に関係するプラズマである，ストリーマとリーダについて，高電圧の実験を用いて説明する．

2.3　ストリーマ

　針と平板の電極を数十 cm 離して設置しその電極間に電圧を加えて，雷雲内

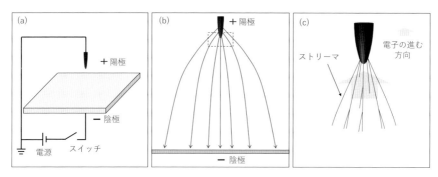

図 2.3 高電圧を用いた実験の模式図
(a) 針と平板間に電界をかける実験．(b) 針と平板電極間の電気力線．(c) 陽極付近 ((b) の破線の四角) に発生するストリーマの様子．

の強い電界を模擬する実験を考える．図 2.3(a) のように針と平板を向かい合わせて電圧を加えた場合，尖った場所（曲率の小さい箇所）では電界が大きくなるため，針の先端付近の強い電界でプラズマが発生する．はじめに針側を陽極，平板側を陰極とする．図 2.3(b) の電気力線の密度の高い部分が電界の強い場所（図中の破線の長方形）であり，針付近で下向きの電界が非常に大きくなる．加える電圧の大きさを徐々に大きくしながら，図のスイッチをオンにした直後に針電極付近でどのようなことが起こるか，確認していこう．

加える電圧をある程度大きくした上でスイッチを入れると，大気中に僅かに存在する電子が電界により針電極に向かって加速され，大気分子に衝突し大気分子を電離する衝突電離（図 2.2）が発生する．さらに，衝突後に新たに発生した電子も加速が十分であれば，他の大気分子を電離する．このように，電子が次々に発生する現象を電子雪崩（electron avalanche）と呼ぶ．文字通り，電子が雪崩のように増加していく．

加える電圧を先ほどよりも上げて，スイッチを入れてみよう．すると，電界の強い針電極付近で発生する電子雪崩がある程度まとまって発生するようになる．電子雪崩発生後に発生した電子は陽極へ進む．一方で発生した陽イオン（大気分子のイオン）は陰極（平板）側に進む．電子の質量は陽イオンよりもずっと小さいため，電子の移動度は陽イオンよりも非常に大きい．そのため，主に動いているのは電子だけで，電子雪崩が発生した場所では陽イオンが取り残さ

れてしまう．取り残された陽イオンにより，その領域の平板電極側（図 2.3(c)
中では下側）の電界が強くなる．この効果により取り残された陽イオン領域の
平板電極側でも新たに電子雪崩が発生する．このように針電極から少し離れた
空間でも，電子雪崩により発生した陽イオンが電界を強めるため，図中下向き
に電子雪崩が継続して発生する．ある程度針電極から離れると電極による電界
が弱くなるので，そこで電子雪崩は止まる．この電子雪崩が連続的に発生する
領域は微弱であるが発光しているため，線状にうっすらとした光を目視できる
（図 2.3(c)）．これがプラズマの一つであるストリーマ（streamer）である（コ
ロナストリーマ（corona streamer）とも呼ぶ）．ストリーマは，電子雪崩によ
り電子と陽イオンが混在している状態である．ただし，電離している分子は大
気中のごく一部の分子である．

　前述の通り，電子の移動度は陽イオンの移動度よりも非常に大きいため，電
界により大きく加速するのは電子であり，陰極に進む陽イオンの速度は遅い．
つまり，電子温度だけが高く他の陽イオンや大気分子の温度は低い状態である．
ストリーマでは大気分子が低温であるため，大気分子の熱電離は発生しない（熱
電離には大気分子が数千℃になる必要がある）．ごく一部の大気分子だけが電
離したストリーマは，電気伝導度は低い．ストリーマは大気分子が低温である
ことから低温プラズマ（cold plasma）とも呼ぶ．なおドアノブを触った時に，
指先にビリっとくるのもこのストリーマが原因である．触れる直前に指先とド
アノブ間の電位差が大きくなる（数十 kV）と，指先とドアノブの間にストリー
マが発生し，指先とドアノブの間に微弱な電流が流れる．

　ストリーマ先端の電荷の極性で，ストリーマの極性を定義する．この実験
で発生したストリーマ先端には正電荷が多いので，正ストリーマ（positive
streamer）という．図 2.3 の実験では針電極を陽極としたため，先端に正電荷
が多い正ストリーマが発生した．逆に針電極を陰極，平板電極を陽極とした場
合でもストリーマは発生する．この場合，電子は平板電極に向かって進み，陽
イオンは針電極に向かって進む．ストリーマの先端では負電荷が多くなるため，
負ストリーマ（negative streamer）と呼ぶ．

2.4 リーダ

2.4.1 正リーダ

正ストリーマを発生させた針電極を陽極とした実験（図 2.3）で，加える電圧をさらに大きくした上でスイッチを入れると，何が起こるだろうか．針付近では，電子が陽極に向かって加速し電子雪崩が発生し，ストリーマが形成される（図 2.4(a)）．ただし，ストリーマ発生時よりも電界が強いため，多数のストリーマが発生する．針電極付近では多数のストリーマが密に存在するため，電流が集中し電子温度だけでなく大気分子も高温となることがある．大気分子も数千℃の高温に達すると，大気分子と大気分子の衝突により熱電離が発生し，分子から電子が放出されるため，電子密度が急激に上昇し電気伝導度も急激に上昇する．この大気分子が高温で，電子密度が非常に高い状態をリーダと呼ぶ（図 2.4(b)）．

リーダの電気伝導度は高く，また高温なため輻射により明るく光る．ストリーマが低温プラズマと呼ばれるのに対して，リーダは大気分子も高温であることから高温プラズマ（hot plasma）とも呼ばれる．この実験では，電子は陽極の針電極に向かうので，その逆側のリーダ先端では正電荷が多くなる．ストリーマと同じくリーダも先端の電荷の極性で極性を決めるので，この場合は正リーダ（positive leader）と呼ぶ．正リーダ先端の正電荷による電界が十分で強け

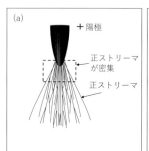 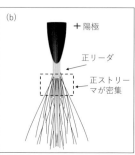 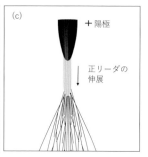

図 2.4 実験室で加える電圧を大きくした場合の正リーダの発生と伸展の模式図
(a) 針電極の先端付近で正ストリーマが密集する．(b) ストリーマが密集した部分がリーダに変換．(c) その後も正リーダ先端で正ストリーマが発生して正リーダに変換し，正リーダは伸展する．

ればリーダ先端で正ストリーマが発生し，その後リーダに変換した場合は正リーダ全体としては伸展していく（図2.4(c)）．この伸展様相は後述する負リーダの伸展様相と大きく異なる．

2.4.2 負リーダ

図2.3や図2.4の実験では針電極を陽極としたため，正ストリーマ，正リーダが発生した．一方で，この針電極を陰極，平板電極を陽極として同様の実験をした場合は，針電極で負ストリーマが発生した後，負リーダ（negative leader）が発生する．負リーダの伸展過程は正リーダと比較して似ている部分もあるが，非常に複雑である．ここでは負リーダの伸展について限られた内容だけにとどめたい．負リーダの発生・伸展の詳細については，文献を参照してほしい（e.g., Dwyer and Uman, 2014；Mazur, 2016）．

負リーダの先端部分では，その先端部分の強い電界により負ストリーマが形成される．ここまでは正リーダの伸展と同じである．負リーダ先端のストリーマの一部は，リーダ先端部の強い電界によりスペースリーダと呼ばれるリーダに変換されることが実験から知られている（図2.5(a)）（より正確には，このスペースリーダ発生前には正と負のストリーマからなるパイロットシステム

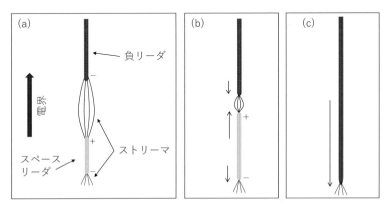

図2.5　負リーダの伸展様相の模式図
(a) 負リーダ先端部のストリーマの一部がスペースリーダに変換．(b) スペースリーダは負リーダ方向にもその反対方向にも伸展．負リーダもスペースリーダに向けて伸展．(c) スペースリーダと負リーダが結合し，負リーダがスペースリーダ方向に伸展．

（pilot system）が存在している）．このスペースリーダは負リーダによる局所的な電界により電荷が生じ，負リーダに近い側（図 2.5(b) 中，スペースリーダの上端）が正極性，遠い側（下端）は負極性として，外部電界によりスペースリーダは上下に伸展する．最終的にスペースリーダが負リーダと結合すると，負リーダは一気にスペースリーダの方へ伸展する（図 2.5(c)）．これが負リーダの伸展様相である．

　負リーダにとっては，前方からスペースリーダが負リーダに向かって伸展してきて，結合して負リーダが伸展する．つまり，スペースリーダが負リーダにまで到達するまでの短時間は，負リーダは大きくは伸展せず，スペースリーダとの結合と同時に大きく進む．このように負リーダは間欠的に（進んだり止まったりしながら）進む．なお，実際の雷放電でも，電離されていない大気を伸展する負リーダは間欠的に進むこと（ステップトリーダ）が知られている．以上のように，負リーダの伸展様相は正リーダとは大きく異なる．正リーダは，リーダ先端付近に発生するスペースリーダは必要とせず，間欠的に進むことは基本的にはない．ただし，これには例外があり，実験室や雷放電の観測で，一部の正リーダは負リーダのように間欠的に進むことが示されており（Wang and Takagi, 2011；Huang et al., 2022），この場合は positive stepped leader と呼ぶ．何らかの条件があった場合に，稀に正リーダは間欠的に進むことがあるようである．本書では positive stepped leader についてはこれ以上言及しない．

2.5 ストリーマの極性による発生に必要な電界の違い

　正ストリーマと負ストリーマはそれぞれ，先端の極性が異なる低温のプラズマであることを述べた．両者はその先端の極性が異なるだけでなく，負ストリーマ発生には正ストリーマ発生に必要な電界のおよそ 2 倍の電界が必要なことが，実験的に知られている．この違いは 3 章で雷放電の発生メカニズムを理解する上で重要である．実験結果によると，正ストリーマの発生には地上気圧において，500 kV/m，負ストリーマの発生には 1 MV/m の電界がそれぞれ必要である．なお，これらの必要な電界は水蒸気量など，実験設定によってある程度幅がある（Dwyer and Uman, 2014；Mazur, 2016）．本書では簡単のため，

2.5 ストリーマの極性による発生に必要な電界の違い

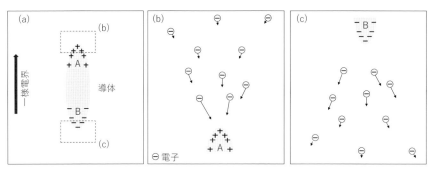

図 2.6 インパルス的に発生した一様電界中の導体と導体付近の電子へ与える影響の模式図
(a) 導体と導体に誘導された電荷．(b) 導体の上端付近（図 (a) 中の上側の破線内）の拡大図．(c) 下端付近（図 (a) 中の下側の破線内）の拡大図．(b)(c) では大気中の電子が受ける力を矢印で示す．

正ストリーマで 500 kV/m，負ストリーマで 1 MV/m として議論を進める．

なぜ正と負のストリーマ発生に必要な電界は異なるのだろうか．ここではWilliams (2006) を参考に説明を行う．図 2.6(a) のような空間に浮かんだ導体を考える．ここで，インパルス的（一瞬だけ）に一様な外部電界を発生させる．インパルス的に発生した電界により，この導体表面の上端（A）では正電荷，下端（B）では負電荷が生じる．ここで導体の上下端の形状は全く同じであり，導体全体での電荷量はゼロとすると，導体表面の正と負の電荷量は極性が異なり，分布は上下で完全に対称である．そのため，電界の方向は異なるが電界の強さは同じである．外部電界をインパルス的に発生させると，上下端付近で同程度に電界が強められる．正ストリーマ発生に必要な電界（500 kV/m）は負ストリーマ発生に必要な電界（1 MV/m）よりも小さいため，B 側からの負ストリーマよりも先に，A 側から正ストリーマが発生する．

正と負のストリーマ発生に必要な電界の違いを理解するために，A と B 付近の大気中の電子について考える（図 2.6(b)(c)）．上端の A 付近の電子は導体の上端に向かって下向きに加速される．この場合，上端に近づくにつれ電界が強くなり，より大きな力を下向きに受け加速する．一方，下端の B 付近では，電子は導体から離れる方向に力を受ける．そのため電子は導体から離れていく方向に加速され，また電界から受ける力は導体から離れるほど小さくなる．このため A 付近（上端）の電子は B 付近（下端）と比較し，外部電界からエネルギー

を得て大きく加速されることが容易である．運動エネルギーの高い電子は衝突電離を発生させやすいため，導体の上端で発生する正ストリーマは下端で発生する負ストリーマよりも，小さな電界で発生することができる．

2.6 実際の雷放電の高速ビデオ撮影

ここまで実験室の高電圧実験でストリーマやリーダなどのプラズマの様子を述べてきた．では実際の雷放電でのストリーマやリーダがどうなっているか見てみよう．実験室の高電圧実験と実際の雷放電がどこまで似ているのか，非常に興味深い．結論から先にいうと，実際の雷放電は実験室で見てきたストリーマやリーダと概ね同じであると考えられている．図2.7に上向き雷放電の正リーダの観測結果を示す（Saba *et al.*, 2020）．白く見える場所は光の強度が強い場所で，線状にはっきりと白く見えるのは正リーダである．その先端にはぼ

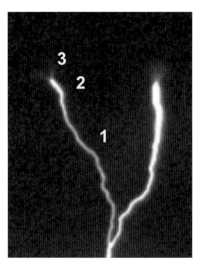

図2.7　上向き雷放電で観測された上昇する正リーダの高速ビデオカメラ画像
白く明るい部分が正リーダ．左右の正リーダの先端にうっすらと暗く光る部分がストリーマと考えられている．Saba *et al.* (2020) から一部抜粋して掲載．©Saba *et al.* (2020) (Licensed under CC BY 4.0 DEED).

2.6 実際の雷放電の高速ビデオ撮影

んやりと光る白い部分があるのがわかる．かなり淡いので非常に見えにくい(本書で確認できない場合は原著論文をご確認いただきたい)．これが正リーダの先端で発生した正ストリーマの部分と考えられている．ストリーマはリーダよりも温度が低く発光が弱いため，ビデオ映像ではこのようにリーダと比較して暗く撮影される．

次に負極性落雷の負リーダを確認する．図 2.8 に下向きに伸展する負リーダの先端付近の高速ビデオカメラ映像を示す（Petersen and Beasely, 2013）．図中左上から負リーダが下降している．正リーダの先端部（図 2.7）とは大きく異なり，負リーダ先端付近は構造がかなり複雑である．負リーダの周囲に負リーダから離れた場所に短くて明るい発光が多数確認できる（例えば，図 2.8 の画像 1 で，一番下の 2m 程度の明るい発光など）．これがスペースリーダである．さらに白黒を反転させた図 2.8 の画像 2 や画像 3 によると，スペースリーダは負リーダ本体部分と非常に弱い発光でつながれていることがわかる．この部分が負リーダ先端とスペースリーダをつなぐストリーマの部分である．この次の

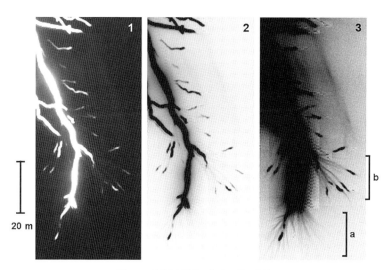

図 2.8 負極性落雷の負リーダの先端

(画像 1) 高速ビデオ映像．白は光の強度は強く，黒は光の強度が弱い．(画像 2) 画像 1 の白黒を反転させたもの．(画像 3)画像 2 から信号強度を調整して弱い光を強調した画像．なお，画像 2, 3 の中央付近にうっすら見えるジッパーのような模様はカメラの人工的なノイズである．許可を得て Petersen and Beasley (2013) から転載．

画像はないが，この後スペースリーダの一つがストリーマ部分をリーダに変換しながら負リーダに近づき，やがてスペースリーダが負リーダに到達すると考えられる．スペースリーダが負リーダに到達すると負リーダはスペースリーダの方向に一気に伸展する．このように図 2.5 で示した室内実験の模式図と基本的には同じである．他には図 2.8 の画像 3 の a 付近ではスペースリーダを伴わない弱い発光が，ほうきで掃いたように線状に見える部分がある．この部分は負ストリーマで，その左横のストリーマと異なり，まだスペースリーダは発生していない．このように負リーダの先端付近には多数の負ストリーマがあり，その一部はスペースリーダに変換している．

　負極性落雷の負リーダの付近に発生したスペースリーダが，負リーダに接続する一連の過程を高速ビデオカメラで観測に成功した事例も報告されている (Jiang et al., 2017)．図 2.9 は下降する負リーダ先端の高速ビデオカメラ画像である．上段で白くはっきり見える（下段で黒くはっきり見える）発光は負リーダである．フレーム 1, 2, 6 には負リーダから少し離れた下側にリーダよりも弱い発光があり（それぞれ▲で示した発光），これがリーダの前方に発生したスペースリーダと考えられる．

　フレーム 1 で確認できる 2 つのスペースリーダは次のフレーム 2 では発光が

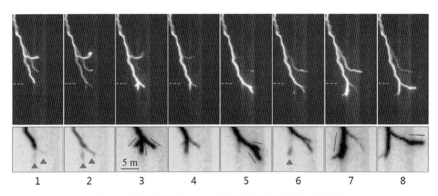

図 2.9　負極性落雷の負リーダ先端の高速ビデオカメラ画像
左から右に進む連続した 8 フレームを示す．左上から右下方向に負リーダが伸展．フレームの露光時間は 5.18 μs．上段はフレーム全体．下段はリーダの先端部を拡大し，白黒を反転して示す．下の段に▲で示した発光がスペースリーダと考えられる．©Jiang et al. (2017) (Licensed under CC BY 4.0 DEED).

強くなり長くなっている．つまりフレーム1から2までの時間（5.18 μs）で，スペースリーダが成長したと考えられる．次のフレーム3ではフレーム1と2で観測されたスペースリーダの方へ負リーダが進んでいる．つまり，フレーム3までにスペースリーダが負リーダに辿り着き，スペースリーダの方向へ負リーダが進んだと考えられる．なお，フレーム3では3方向への枝分かれが確認できる．このうち，右の2つの枝分かれは，フレーム1,2で確認できたスペースリーダに対応するリーダ伸展である．一方，フレーム3の一番左の枝分かれに関連するスペースリーダはフレーム1,2では確認できない．おそらく発光強度が弱いなどの理由で，フレーム1や2で観測できなかったと考えられる．

フレーム6で観測されたスペースリーダも同様である．フレーム6のスペースリーダの方向に，次のフレーム7では負リーダが進んでいることがわかる．これもフレーム3と同様，フレーム6からフレーム7の間に，スペースリーダが上側の負リーダにまで到達し，スペースリーダの方向（左下方向）に負リーダが進んだと考えられる．

2.7 なぜ雷放電はジグザグに進むのか？

落雷の写真を撮るとジグザグに写る．これはリーダがジグザグに進むからである．なおジグザグに進むのは主に負リーダで，正リーダは負リーダと比較すると滑らかに進む．では負リーダはなぜジグザグに進むのだろうか．図2.8で示した通り，負リーダ先端には複数のストリーマやスペースリーダが発生している．これらのスペースリーダがそれぞれ負リーダに向かって伸展し，接続したスペースリーダの方向へ負リーダは伸展する（図2.9）．これを模式図で表すと図2.10のようになる．この模式図では負極性落雷の鉛直下向きに下降中の負リーダ先端をイメージしている．負リーダ前方に3つのスペースリーダ（α, β, γ）が発生し（図2.10(a)），それぞれが負リーダの方向とその逆方向に伸展している（図2.10(b)）．この例では，スペースリーダαが最も早く負リーダに到達した（図2.10(c)）．その結果，負リーダはスペースリーダαの方向へ進む（図2.10(d)）．

負リーダにとってはどのスペースリーダが最初に接続するのかは，ある程度

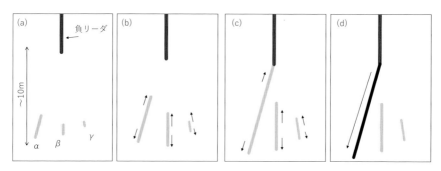

図 2.10　雷放電の負リーダ進展の模式図
(a) 負リーダ先端部から少し離れた場所に 3 つのスペースリーダ (左から α, β, γ) が発生．(b) スペースリーダは負リーダ方向および反対方向に伸展．(c) スペースリーダ α と負リーダが結合．(d) 負リーダがスペースリーダ α の方向に伸展．簡単のため，負リーダとスペースリーダのみ記載．

ランダムに決まるため，負リーダはランダムに進む．そのため雷放電は，ジグザグに進んでいるように見える．しかしながら，完全にはランダムではない．スペースリーダは，おおむね電界の方向に沿って進むと考えられている．リーダ付近の電界は，リーダ内部の電荷（特に先端部）による電界に加えて，雷雲内電荷による外部電界の和で決まるため，リーダは平均すると外部電界の方向に沿って伸展する．実際の高速ビデオカメラの観測によると，負リーダのステップの伸展方向は，半数以上が 30° 以内であった（真っ直ぐ進む場合を 0° とする）(Jiang et al., 2017)．もし完全にランダムであれば，360° どの方向にも同確率でステップが伸展するはずである．これはリーダの伸展方向は完全にはランダムではなく，外部電界や局所電界の方向により，ある程度伸展方向が決められていることの証拠といってよいだろう．

　落雷がジグザグに見えるのは，負リーダ伸展にとってスペースリーダの伸展が必要であることを述べてきた．正リーダ伸展には図 2.4 で示したように，スペースリーダ伸展は基本的には不要である．このため，正リーダは，負リーダと比較すると，滑らかに進むように見える．この点は図 2.7 と図 2.8 の比較からも，正リーダが滑らかに進むことは理解できるだろう．負極性落雷（負リーダが地面に到達）と正極性落雷（正リーダが地面に到達）を比較しても，その差がわかる．図 2.11 に 2 つの落雷の写真を示す．両者を比較すると明らかに (a) の落雷はジグザグに進んでいるのに対して，(b) の落雷は滑らかに進んでいる．

図 2.11 負リーダと正リーダの見え方の違い

放電路の滑らかさの違いから，(a) は負極性落雷，(b) は正極性落雷と考えられる（音羽電機工業株式会社提供）．

この伸展様相の違いから，おそらく左側は負極性落雷の負リーダであるのに対して，右側は正極性落雷の正リーダであると考えられる．正リーダと負リーダは単に極性が異なるだけでなく，伸展速度（負リーダの方が正リーダよりも速い），枝分かれの数（負リーダの方が正リーダよりも枝分かれが多い）などの特徴の違いが知られている．落雷のおよそ9割はジグザグに進む負極性落雷であるため，滑らかに進む正極性落雷を目にする機会は少ない．そのこともあり，落雷はジグザグに進む，という印象が強いのだろう．

2.8　双方向性リーダ

2.8.1　双方向性リーダの考え方

　針電極と平板電極間の放電実験によって雷放電を模擬し，ストリーマやリーダの説明をしてきた．針電極から発生したリーダは，電極から電荷供給を受け

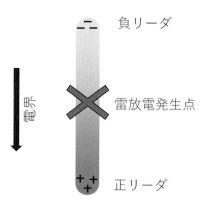

図 2.12 リーダ開始直後の双方向性に進むリーダ

ることによってリーダ先端で強い電界を維持して,伸展が可能となった.しかしながら,実際の雷雲内にはリーダに電荷を供給する電極は存在しない.では,どのようにして実際の雷雲内のリーダは伸展することができるのだろうか.

　図 2.12 に雷雲内で発生した直後のリーダを模式的に示す(なお,電極のない場所でリーダがどのようにして発生するのか? すなわち,雷放電開始のメカニズムについては 3.4 節,3.5 節で扱う).外部電界により上端は負電荷が誘導されるため負リーダ,逆に下端は正リーダとして伸展する.正リーダと負リーダの伸展に伴う電荷移動を Kasemir (1960) を参考にして説明する.正リーダが下方向に伸展すると,正リーダ先端では衝突電離などにより大気分子がイオン化し,電子と陽イオンが発生する.外部電界により,電子(負電荷)は負リーダ側へ移動するため,正リーダ先端には陽イオン(正電荷)が残され正リーダ先端の電界を強める.電界が十分強い場合は,次の正リーダ伸展へつながる.一方で,負リーダ側へ移動した負電荷は,負リーダ先端の電界を強める.この電界が十分強い場合は,次の負リーダ伸展につながる.この考えは負リーダが伸展するときも同じで,負リーダが伸展することで,正リーダ先端に正電荷が供給される.本章で扱ってきた針と平板の放電実験では見られない現象であるが,実際の雷放電ではこのように正リーダと負リーダは一体となってそれぞれ逆方向に伸展すると考えられている.これを双方向性リーダ(bi-directional leader)と呼ぶ.つまり,負極性落雷のように負リーダが下向きに進んでいる

場合は，雷雲内では上向きに正リーダが進んでいる．これは図 1.5 でも見られる．この図では負極性落雷の場合，雷放電の開始点を▲で示しているが，その下側が負リーダで上側は正リーダの伸展を表している．

リーダが双方向性に進むのは雷雲内で開始する雲放電や落雷の場合である．上向き雷放電では，接地した構造物（鉄塔など）から正リーダまたは負リーダが上向きに伸展するため，双方向とならず上向きのみリーダとなる．これは静電容量が非常に大きい地球が，上向き正リーダの場合は正電荷，上向き負リーダの場合は負電荷を大量に供給できることから，双方向性リーダから考えられる逆向きのリーダは存在しない．つまり，針-平板実験における，針電極の役割を鉄塔が果たすため，針-平板実験と同じく双方向性リーダは発生しない．針-平板実験は，上向き雷放電のミニチュア実験と考えてもよいだろう．

2.8.2 双方向性リーダの観測

1960 年代からリーダは双方向に進むことが理論的には予想されてきた（Kasemir, 1960）．その根拠の一つが飛行中の航空機への被雷である．図 2.13

図 2.13 被雷した航空機
（音羽電機工業株式会社提供）

に被雷した航空機の写真を示す．1.3 節で述べた通り，リーダの枝分かれは進行方向に発生する．この事例では，機首側のリーダは上向きに枝分かれ（Y の字）なので上向きに進んでいる．一方，尾翼から出ているリーダは下向きに枝分かれ（逆さの Y の字）なので下向きに進んでいる．この 2 つの条件を満たすには航空機から上向きと下向きのリーダが同時に発生している，つまり航空機から発生した上向きと下向きの双方に発生した双方向性リーダであると考えればこの現象は理解できる．この航空機被雷からの類推で，実際の雷放電でも同様に双方向にリーダが伸びているのではないかと考えられてきた．

通常の雷放電でもリーダが双方向に進んでいることが観測により確かめられたのは，2010 年代である．この双方向性リーダの証明をするには，雷放電が発生した直後に正と負のリーダが逆向きに進むことを示せばよいだけの単純な話であるが，これが結構難しい．というのもビデオカメラで光学観測しようと

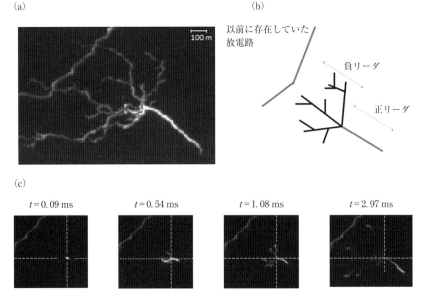

図 2.14　双方向性に伸展するリーダの高速ビデオカメラ画像
(a) 双方向性リーダの全体像．(b) 双方向性リーダの模式図．(c) 高速ビデオカメラ画像．縦横の破線の交点からリーダが発生．左上に進むリーダが負リーダ，右下に進むリーダが正リーダと考えられる．正と負のリーダが同時に伸展している．Montanyà *et al.* (2015) より一部改変して掲載．© Montanyà *et al.* (2015)（Licensed under CC BY 4.0 DEED）．

しても，雷放電の開始点は当然のことながら雷雲内なので，通常は撮影が難しい．また雷雲内を観測可能な電波観測に関しても，正リーダから放射される電波強度は負リーダよりも弱いため，負リーダ伸展によるマスク効果で正リーダの位置推定は難しい（負リーダが電波的に明るいので，電波的に暗い正リーダを電波観測するのが難しい，という意味）．Akita et al. (2014) や Stock et al. (2014) は大阪大学の研究グループが開発した広帯域干渉計をベースに正リーダも観測できるように工夫を凝らし（詳しくは 8.3.2 項を参照），正と負のリーダが同時に逆方向に伸展することを示した．ほぼ同時期に高速ビデオカメラでも双方向性リーダの観測に成功している．この高速ビデオカメラの成果は偶然撮影できたと論文に記述されており，かなり幸運に恵まれた観測といってよいだろう．図 2.14(c) はその高速ビデオカメラの画像である．$t=0.09$ ms で発生したリーダ（縦横の補助線の交点あたり）が $t=2.97$ ms までの約 2.88 ms の間に図の左上方向と右下方向にそれぞれ双方向にリーダが伸びていることがわかる．左上に進むリーダは負リーダで右下に進むリーダは正リーダと考えられている（負リーダは正リーダよりも枝分かれが多いことや負リーダの方がジグザグに進むことから，このように推定している）．このように雷放電のリーダは正リーダと負リーダが逆向きに進む双方向性リーダであることはほぼ間違いないと考えられている．

コラム 3　雷放電の世界分布

　雷放電の世界分布は，人工衛星観測や VLF 帯の地上雷放電観測装置により明らかとなってきた．図 C3.1 は熱帯降雨観測衛星（Tropical Rainfall Measuring Mission：TRMM）搭載の雷放電観測センサー（Lightning Imaging Sensor：LIS）などで観測された雷放電データから得られた雷活動の気候値である．雷放電が多いのは，南北アメリカ，アフリカ，東南アジアの低緯度地域である．これらの地域は雷雲の世界三大 "chimney"（煙突）と呼ばれることもあり，非常に雷活動が活発な地域として知られている．

　また大陸上で雷放電が多く，海洋上では基本的には少ないことも明らかである．全球の 1 秒あたりの雷放電発生数は 45 程度と考えられており，そのうちの 9 割が大陸上での雷放電であり，海洋上での雷放電発生数は少ない（Christian et al.,

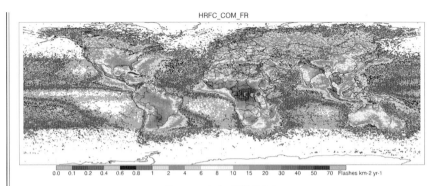

図 C3.1　全球の雷放電分布
衛星搭載雷放電観測装置により得られた結果（NASA 提供）（口絵 4 参照）．

2003）．これは海面より大陸の方が日射により加熱されやすいため，雲頂が高い雷雲が発生しやすく，これらの雷雲が多数の雷放電を生み出すからである．また，概ね低緯度で雷放電数が多く，高緯度で少ない傾向にある．これも低緯度では太陽からの放射が強いため，活発な雷雲を生み出すことができるからである．

コラム 4　世界のどこで雷放電が多いのか？

　図 C3.1 から雷放電がどこで多いのかを調べることができる．表 C4.1 は 0.1°グリッドごとの雷放電数が多い場所をランキング形式で 19 位までの結果を示す（Albrecht et al., 2016）．図 C3.1 をざっと見るとアフリカ中部で最も雷放電数が多い．実際に，アフリカ中部のコンゴ共和国，カメルーン，ナイジェリアがランキング上位の約半数を占めている．しかしながら最も雷放電が多い場所は，ベネズエラのマラカイボ湖の西部である（最も雷放電が多い場所としてギネスブックに登録されている）．ベネズエラは 1 位以外には表 C4.1 に無いことからマラカイボ湖の雷活動はピンポイントで多いことがわかる．

　マラカイボ湖の雷活動は深夜の時間帯に非常に活発で，発生場所もピンポイントなので，大航海時代には灯台の代わりとしても利用されてきたという（カタツンボの灯台）（Bürgesser et al., 2012）．マラカイボ湖の北側はカリブ海に面しており，東西南の 3 方向は山に囲まれている．カリブ海から湿った風がマラカイボ湖西部で雷雲を発生させて，結果的に当地で雷活動が活発になることが知られている（Holle and Murphy, 2017）．

　南米やアフリカの低緯度地域がランキングされている一方で，中緯度帯のパキ

表 C4.1　0.1°グリッドごとでの雷放電発生数（/km²/年）のトップ 19
Albrecht et al.（2016）をもとに作成.

順位	雷放電数(/km²/年)	緯度	経度	国	順位	雷放電数(/km²/年)	緯度	経度	国
1	232.52	9.75	−71.65	ベネズエラ	11	124.26	5.75	−74.95	コロンビア
2	205.31	−1.85	27.75	コンゴ共和国	12	121.41	33.35	74.55	インド
3	176.71	−3.05	27.65	コンゴ共和国	13	118.81	33.75	70.75	パキスタン
4	172.29	7.55	−75.35	コロンビア	14	117.98	0.55	20.35	コンゴ共和国
5	143.21	−0.95	27.95	コンゴ共和国	15	117.19	−2.45	26.95	コンゴ共和国
6	143.11	34.45	72.35	パキスタン	16	116.78	6.95	10.45	ナイジェリア
7	138.61	8.85	−73.05	コロンビア	17	116.76	14.35	−91.15	グアテマラ
8	129.58	5.25	9.35	カメルーン	18	114.19	8.45	−74.55	コロンビア
9	129.50	0.25	28.45	コンゴ共和国	19	112.17	0.35	26.65	コンゴ共和国
10	127.52	−1.55	20.95	コンゴ共和国					

スタンやインドのランキング入り（6位，12位，13位）が少し意外かもしれない．ヒマラヤ山脈の北西の山麓に位置する当地では，アラビア海からの湿った大気が流入することにより活発な雷雲が発生することで知られている（Albrecht et al., 2016）．

なお，オーストラリア北西部のダーウィンでは，当地でヘクター（Hector）と呼ばれる非常に発達した雷雲が発生することが知られている．筆者も何度かダーウィンに雷観測で訪れ，ヘクターとそれに伴う激しい雷雨に遭遇したことがある．読者の中にはダーウィンやその近郊が表 C4.1 のランク外であることに驚く人がいるかもしれない．ダーウィンには乾季と雨季がある．当然のことながら，乾季には雨はほとんど降らないため雷放電数も少ない．今回のランキングは年間あたりの雷放電数である．乾季のあるダーウィンは年間で見ると雷放電数は大きくならずランク外になっていると考えられる．

文　献

[1] Akita, M. et al., 2014：Data processing procedure using distribution of slopes of phase differences for broadband VHF interferometer. *J. Geophys. Res. Atmos.*, **119**, 6085-6104.

[2] Albrecht, R. I. et al., 2016：Where are the lightning hotspots on earth?. *Bull. Amer. Meteor. Soc.*, **97**, 2051-2068.

[3] Bürgesser, R. E. *et al.*, 2012 : Characterization of the lightning activity of "Relámpago del Catatumbo." *J. Atmos. Sol. Terr. Phys.*, **77**, 241-247.
[4] Christian, H. J. *et al.*, 2003 : Global frequency and distribution of lightning as observed from space by the optical transient detector. *J. Geophys. Res.*, **108**(D1), 4005, doi : 10.1029/2002JD002347.
[5] Dwyer, J. R. and M. A. Uman 2014 : The physics of lightning. *Physics Reports*, **534**, 147-241.
[6] Holle, R. L. and M. J. Murphy, 2017 : Lightning over three large tropical lakes and the strait of Malacca : Exploratory analyses. *Mon. Wea. Rev.*, **145**, 4559-4573.
[7] Huang, S. *et al.*, 2022 : Separate luminous structures leading positive leader steps. *Nat. Commun.*, **13**, 3655.
[8] Jiang, R. *et al.*, 2017 : Channel branching and zigzagging in negative cloud-to-ground lightning. *Sci. Rep.*, **7**, 3457.
[9] Kasemir, H. W., 1960 : A contribution to the electrostatic theory of a lightning discharge. *J. Geophys. Res.*, **65**(7), 1873-1878.
[10] Mazur, V., 2016 : The components of lightning in principles of lightning physics, IOP Publishing Ltd.
[11] Montanyà, J. *et al.*, 2015 : The start of lightning : Evidence of bidirectional lightning initiation. *Sci. Rep.*, **5**, 15180.
[12] Petersen, D. *et al.*, 2008 : A brief review of the problem of lightning initiation and a hypothesis of initial lightning leader formation. *J. Gephys. Res.*, **113**, D17205, doi : 10.1029/2007JD009036.
[13] Petersen, D. A. and W. H. Beasley, 2013 : High-speed video observations of a natural negative stepped leader and subsequent dart-stepped leader. *J. Geophys. Res. Atmos.*, **118**, 12110-12119.
[14] Saba, M. M. F. *et al.*, 2020 : Optical observation of needles in upward lightning flashes. *Sci. Rep.*, **10**, 17460.
[15] Stock, M. G. *et al.*, 2014 : Continuous broadband digital interferometry of lightning using a generalized cross-correlation algorithm. *J. Geophys. Res. Atmos.*, **119**, 3134-3165.
[16] Wang, D. and N. Takagi, 2011 : A downward positive leader that radiated optical pulses like a negative stepped leader. *J. Geophys. Res.*, **116**, D10205, doi : 10.1029/2010JD015391.
[16] Williams, E. R., 2006 : Problems in lightning physics—the role of polarity asymmetry. *Plasma Sources Sci. Technol.*, **15** S91, doi : 10.1088/0963-0252/15/2/S12.

CHAPTER 3
雷放電開始メカニズムの謎

3.1 はじめに

　雷放電はどのようにして開始するのか？　つまり何をきっかけとして雷放電の最初のリーダが発生するのだろうか．この問題は数ある雷放電研究の中でも多くの研究者を惹きつけてきた最も重要な研究テーマといってよいであろう．しかしながら，未だに完全にはわかっていない．本章では雷放電の開始メカニズムに関して研究の歴史を振り返りつつ，最先端の研究成果を紹介したい．読者の中には，雷放電開始メカニズムが未だに解明されていないことを意外に思う方もいるかもしれない．筆者自身も雷放電研究を始めた当初は，この研究がそんなに難しいこととは思わなかった一人である．というのも，2.3節，2.4節で示した室内実験のように，高電圧を加えた電極で雷雲内の高電界を模擬し，放電を発生させれば雷放電開始のための条件（電界の大きさ，領域のスケール，気圧など）がわかりそうで，得た知見をもとに理論的な理解が進みそうである．確かに室内実験は先に述べたストリーマやリーダの研究に大きく貢献したし，今でも実験室の放電実験を通して雷放電の研究は進められている．

　しかしながら，2.8節でも少し述べた通りこの実験室での放電実験は，実際の雷雲とは状況が異なる．まずは，雷雲内には実験室のような電極が存在しないことである．実験室の電極は，大気中に正電荷や負電荷を必要なだけ供給できるが，雷雲中には電極に相当するものは存在しない．また実験で実現できる高電界領域は数十cmから高々数mであって，雷雲の高電界のような100m以上の長距離にわたる高電界は再現できていない．特にこの点は，3.5節で述べる逃走絶縁破壊を実験室で再現しようとすると，数百mから1km程度の広がりを持つ高電界領域を再現できる大きな装置が必要となり，このような実

験は不可能ではないが現実的には難しい．つまり，実験室で実現できる高電界はあくまで簡略化した雷雲内の高電界であり，雷雲内高電界そのものの再現は難しく，室内実験だけでは雷放電開始メカニズムの解明はできない．そのため，雷放電の開始メカニズムの研究には，室内実験や理論計算に加えて，野外観測が必須である．

3.2 節では大気中で放電が発生するために必要な大気の絶縁破壊の電界の強さについて述べる．3.3 節では雷雲の電界ゾンデ観測結果を示し，直接観測で得られた雷雲内の電界の観測値が，大気の絶縁破壊強度には達していないことを示す．つまり，観測と理論が整合していないことを示す．この問題を解決するために，2つの有力な仮説がある．一つは，雲粒や降水粒子などからストリーマが発生する雲降水粒子仮説，もう一つは高エネルギー粒子が介在する逃走絶縁破壊を想定した，逃走絶縁破壊仮説である．3.4 節と 3.5 節で両者のメカニズムとその問題点について述べる．3.6 節では，雷放電開始時に発生した正ストリーマの発見から始まる一連の観測結果を示し，雷放電開始メカニズム研究の現在地を紹介する．

3.2 大気の絶縁破壊

2.3 節，2.4 節で見てきた通り，大気中に高電界を加えると放電を発生させることができる．もちろん強い電界の方が放電を発生させやすい．より詳しくいえば，大気中の電子にかかる電界の力が強いほど，電子は自由行程（電子が大気分子などと衝突せずに自由に移動できる距離）でより大きく加速されるため，強い電界の方がプラズマは発生しやすい．では，雷放電開始にはどれだけの電界が必要なのだろうか．まず，実験室で放電を発生させるために必要な電界を計測し，そこから実際の雷放電が発生するために必要な電界について考察してみよう．図 3.1 のように，金属の電極平板を対向させて電極に高電圧を加える実験を考える．図 2.3 では針と平板の電極であったが，図 3.1 では電極の両方が平板で尖った場所がなく，大気中に一様な電界を発生させることができる（正確には平板の縁では不平等電界となるがここでは無視）．

この実験で電圧を徐々に上昇させてスイッチを入れると，いずれ大気の絶縁

3.2 大気の絶縁破壊

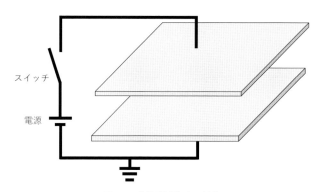

図 3.1　絶縁破壊強度の測定

が破壊され電極間に大電流が発生する．1.2 節でも簡単に述べた通り，絶縁破壊とは高電界により絶縁が破れる現象で，分子に束縛されていない電子数が指数関数的に増大し電極間に大電流が流れる．より詳細に説明すると，大気中に僅かに存在する電子が外部電界により加速されて，大気との衝突電離などで電子数は増加する．一方で，発生した電子は，やがて陽イオンとの再結合や大気分子への付着が発生するため，電子数は減少する．この電子が減少する効果を考えて絶縁破壊を書くと，衝突電離による単位距離あたりの電子の増加数（α）が，陽イオンとの再結合や大気分子への付着などによる電子の単位距離あたりの減少数（η）よりも大きくなった状態（$\alpha > \eta$）が絶縁破壊の条件である（Petersen *et al.*, 2008）．α も η も空気密度や外部電界に依存するパラメータである．図 3.1 の実験を用いて，大気が耐えられる最大の電界強度を確かめることが可能で，その電界強度を絶縁破壊強度（絶縁破壊電界）と呼ぶ．

大気の絶縁破壊強度（E_k）は地上付近で 3 MV/m である（Dwyer and Uman, 2014）．つまり，地上付近では E_k の電界が発生すれば $\alpha > \eta$ を満たし，電子が指数関数的に増加する．ここで「地上付近」と敢えてつけたのは，この絶縁破壊強度は空気密度に基本的には比例するためである．つまり，空気密度が半分になれば，絶縁破壊強度も半分となる．空気密度が低いことは大気分子数が少ないことを意味し，外部電界により加速された電子は大気分子と衝突する確率が下がり，電子の平均自由行程が長くなる．平均自由行程が長くなれば，衝突電離により発生した電子は次の大気分子との衝突までに外部電界により大

きく加速されるため，弱い電界強度でも絶縁破壊が発生しやすくなる．大気密度の減少による絶縁破壊強度の減少を考慮すると，絶縁破壊強度は高度 5 km で 1.7 MV/m，高度 10 km で 0.91 MV/m となる（大気密度のスケールハイトを 8.4 km と仮定）．上空での電界強度を地上気圧における電界に変換した値を，本書では「地上換算」の電界と呼ぶ．つまり，高度 5 km で 1.7 MV/m，高度 10 km で 0.91 MV/m はどちらも地上換算で 3 MV/m である．

3.3 雷雲中の電界強度の観測値とその解釈

3.3.1 雷雲中の電界の観測

　雷雲の高電界中で，衝突電離による単位距離あたりの電子の増加数（α）が単位距離あたりの電子の減少数（η）よりも大きくなることで雷放電が開始しているとすれば，雷放電の発生する高度付近において，地上換算で 3 MV/m を超える高電界領域が実際の雷雲内で存在していると考えられる．雷雲内の電界強度はゾンデに電界計を搭載した電界ゾンデにより観測が可能であり，これまで米国を中心に実施されてきた（なお，ゾンデとは大きなバルーンに計測器を付した観測機で，ゾンデを雷雲中に飛翔させることにより，雷雲内部の気温などの観測が可能となる）．

　Marshall et $al.$ (1995) の報告によると 23 回のゾンデ観測で，雷放電の発生時には電界が地上換算で 200 kV/m 前後であることが多いと報告している．また Stolzenburg and Marshall (2009) は 50 を超えるゾンデ観測の最大電界強度を調べたところ，多くは地上換算で 280 kV/m に満たなかった．これらのゾンデ観測結果は，大気の絶縁破壊強度（$E_k = 3$ MV/m）の 10% 以下である．さらに Stolzenburg et $al.$ (2007) は雷放電がゾンデに直撃することによりゾンデ観測が停止した事例において，観測停止直前の電界観測結果を示している（表 3.1）．これらの観測停止直前にゾンデは雷放電発生地点近くを観測していると彼らは推定している．この表に示す通り，観測された最大の地上換算の電界強度は，Marshall et $al.$ (1995) や Stolzenburg and Marshall (2009) よりも大きいが，やはり大気の地上換算の絶縁破壊強度（$E_k = 3$ MV/m）に達しておらず，絶縁破壊強度よりも 1 桁少ない数百 kV/m のオーダである．最も大きな電界

3.3 雷雲中の電界強度の観測値とその解釈

表 3.1 電界ゾンデ観測により観測された最大電界強度
大気密度のスケールハイトを 8.4 km と仮定．電界観測データは Stolzenburg et al. (2007) を参考に作成．一部に飽和した観測データを含む．

最大電界強度 (kV/m)	ゾンデ高度 (km)	地上換算電界 (kV/m)
78.7	11.5	309
115	8.4	310
245	8.4	665
97.5	10.1	327
118.6	8.6	331
135.9	7.6	336
79.0	13.1	376
87.9	13.0	413
135.2	10.0	445
127.0	13.4	626
195	12.2	833
220	12.1	929

の観測結果も地上換算で 929 kV/m であり，大気の絶縁破壊強度の 3 分の 1 に満たない．つまり，雷雲内の電界の観測値は大気の絶縁破壊電界に及ばない弱い電界である．このことは，電子数が継続して増加する条件（$\alpha > \eta$）を満たさない電界で，雷放電が発生している可能性を示す．このような弱い電界の観測値をどのように理解すればよいだろうか？　この電界観測結果の解釈は主に 2 つある．

3.3.2 電界観測結果の解釈 1

一つ目はゾンデのサンプリングエラーである．ゾンデ観測は雷雲全体を観測したものではなく，ゾンデが通過した線上のみの観測であり，雷雲の一部分しか観測できていない．そのため，ゾンデでは観測できていない場所で絶縁破壊強度（E_k）を超えるような電界があり，そこで雷放電が発生している可能性は十分ある．電界ゾンデ観測によるサンプリング数も観測対象となった雷雲数も，ごく一部に限られている．さらにゾンデ観測はその時の風向風速により観測場所が決まるため，雷放電の発生地点付近を通過することはむしろ稀であろ

う．そのため表 3.1 に挙げた最大電界強度は，雷放電の開始点と異なる場所の電界である可能性は排除できない．つまり，ゾンデでは観測できていない実際の雷放電開始点において，大気の絶縁破壊強度を超えている可能性は否定できない．

Stolzenburg et al. (2007) は，雷放電によって電界観測が停止する直前で，電界強度が急激に強まっている事例を報告している．雷放電直前で電界が強まる割合は，1 秒間で最大 100 kV/m/s であった．雷放電発生直前には発生地点付近で電界強度が急上昇することから，雷雲内で大気の絶縁破壊強度を超えるような領域は数秒程度の短時間にのみ出現すると仮定すれば（ある程度妥当な推測であろう），ゾンデ観測で絶縁破壊強度を超える電界強度が記録されていなくても不思議ではない．

3.3.3 ▎電界観測結果の解釈 2

もう一つの解釈は，実験室で発生した大気の絶縁破壊（図 3.1）とは違うプロセスで絶縁破壊が発生していることである．大気の絶縁破壊強度（E_k）の測定では，（強い電界と）僅かな電子の存在のみを仮定して，絶縁破壊が発生している．しかし，実際の雷雲には大気や電子以外の物質が存在しており，それらが介在することにより E_k よりも小さな電界でもプラズマが発生する可能性も考えられる．

この考えに沿った雷放電発生の有力な仮説は現在 2 つ存在する．一つは雷雲を構成する雲降水粒子（雲粒，雨粒，霰，雪など）が介在する hydrometeor theory（本書では雲降水粒子仮説と呼ぶ）である．当然ながら，雷雲内には雷雲を構成する雲降水粒子が多数存在する．2.5 節で示した通り，正と負のストリーマ発生に必要な電界強度は，それぞれ地上換算で 500 kV/m，1 MV/m である．これは E_k よりも小さい．そのため地上換算の電界強度が E_k 以下でも，雲降水粒子を核としてストリーマが発生し，その後雷放電につながる可能性がある．これが雲降水粒子仮説である．もう一つが，高エネルギー電子が雷放電開始に関与する逃走絶縁破壊仮説である．通常雷放電が発生する高度では，宇宙線に起因した高エネルギー電子が存在している．高エネルギー電子が高電界で加速されて発生する絶縁破壊を逃走絶縁破壊（runaway breakdown）と呼び，

この逃走絶縁破壊が雷放電を引き起こしているという考えを，本書では逃走絶縁破壊仮説（runaway breakdown theory）と呼ぶ．次節以降で雲降水粒子仮説，逃走絶縁破壊仮説を順に紹介する．

なお，hydrometeor theory は runaway breakdown theory が注目されるよりも以前から考えられてきた仮説であるため，runaway breakdown と対比するために hydrometeor theory のことを conventional breakdown theory と表現する文献もある．

3.4 雲降水粒子仮説

3.4.1 雲降水粒子仮説の概要

雲降水粒子仮説は，雲降水粒子が核となり，そこからストリーマが発生し最終的に雷放電に至る理論である．ここでは文献（Phelps, 1974；Phelps and Griffiths, 1976；Petersen *et al.*, 2008；Dwyer and Uman, 2014；Mazur, 2016）を参考にして雲降水粒子仮説を説明する．

雲降水粒子は電荷を持たない電気的に中性であっても，外部電界が存在すれば雲降水粒子には分極が発生し，雲降水粒子周辺の電界を局所的に強める．図3.2(a) は，雷雲の強電界中に存在する雲降水粒子を示し，外部電界により誘電分極が発生し，雲降水粒子の上側に正，下側に負の分極電荷が生じる．この雲降水粒子表面に生じた分極電荷が，どれだけ電界を強められるかは形状による．例えば球形の場合は周囲の電界（E_a）に対して，雲降水粒子表面付近の電界強度は E_a の最大3倍となる．ただし，分極電荷により強められた電界は雲降水粒子の中心からの距離（r）と雲降水粒子の半径（d）の比（r/d）の3乗に反比例する（Dwyer and Uman, 2014）．そのため分極電荷による電界強化が及ぶ範囲は，雲降水粒子の大きさのオーダ程度の非常に限られた狭い範囲である．2.5節で述べた通り，正ストリーマの発生に必要な電界は 500 kV/m であるのに対して負ストリーマの発生に必要な電界は 1 MV/m である．正電荷と負電荷が生じた雲降水粒子表面からストリーマが発生するとすれば，必要な電界が小さい正ストリーマの方が発生しやすい．

雲降水粒子付近の電界強度が十分に強い場合，外部電界ベクトル方向に正ス

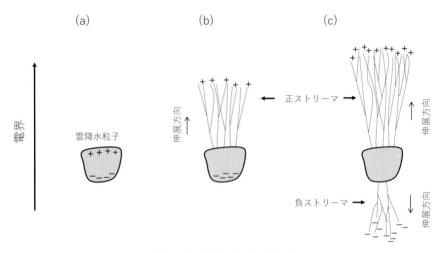

図 3.2 雲降水粒子仮説の概念図
(a) 雷雲内電界により分極した雲降水粒子．ここでは雲降水粒子として霰を想定．(b) 上向きに正ストリーマが発生．(c) 正ストリーマが伸展．さらに逆側から下向きに負ストリーマが発生．

トリーマが多数伸展する（図 3.2(b)）．正ストリーマはその先端に多くの正電荷が存在している．ここで，この正ストリーマが発生する直前の雲降水粒子は電気的に中性，つまり電荷量がゼロであったとする．雲降水粒子周辺には正ストリーマの発生前後に電荷の流出入がなく電荷量は保存するため，正ストリーマと雲降水粒子を含めた全体としては電荷の総量は常にゼロである．このため，正ストリーマ全体で正電荷（$+Q$）を持っているとすると，雲降水粒子のストリーマとは反対側には，同量で極性が逆の負電荷（$-Q$）が取り残されている．正ストリーマがより大きく成長すれば，この取り残された負電荷（$-Q$）はより大きくなる．この後，$-Q$ が十分大きくなり負ストリーマ発生に必要な電界強度に達すると，正ストリーマとは逆方向に負ストリーマが発生する（図 3.2(c)）．これらの正負のストリーマはそれぞれ正負のリーダへと成長し，双方向性リーダとして伸展を続ける．これが雲降水粒子仮説による，リーダ発生までの定性的な流れである．

3.4.2 複数の雲降水粒子の存在によるストリーマ発生

正ストリーマが発生するには地上換算で 500 kV/m の電界が必要である．こ

の値は地上換算の絶縁破壊強度（$E_k=3\,\mathrm{MV/m}$）よりも小さな値であるため，大気の絶縁破壊強度に満たない雷雲でも，雲降水粒子から正ストリーマが発生する可能性は高そうである．しかしながら，雷放電開始点近くと考えられる電界強度の観測結果（表3.1）で，正ストリーマ発生の地上換算電界強度（$500\,\mathrm{kV/m}$）を超えるのは12例中4事例しかなく，実際の雷雲内に地上換算で$500\,\mathrm{kV/m}$に達する事例がどの程度あるのか疑問である．そこで少しでも正ストリーマ発生に必要な電界が小さくなるような条件も調べられている．

その一つが，図3.3のように複数の雲降水粒子が電界方向に並んでいる場合で，放電発生に必要な電界が小さくなることが示されている．図3.3では，雲降水粒子が10 cmの間に5個電界方向に並んでいる．Mazur *et al.* (2015) は，複数の雲降水粒子が電界の方向に近くに並ぶことによって，1つの雲降水粒子よりも弱い電界で，放電が発生すると考えている．彼らによると，雲降水粒子間でストリーマが発生し，並んでいる雲降水粒子がそのストリーマにより電気的に接続される．結果的に並んだ複数の雲降水粒子で1つの導電性のある物体を形成し，1つの雲降水粒子よりもこの物体の方が，放電が発生しやすくなると主張している．

このような現象が存在することは室内実験で確かめられている．Mazur *et al.* (2015) は雲降水粒子に見立てたアルミ球を電界の方向に1つ，2つ，4つと電界方向に並べた実験を行っている．この実験結果によると並べたアルミ球の数が多い方が，絶縁破壊発生時の電界は弱くなる．これは彼らの考えを支持する結果である．降水粒子が電界方向にうまく並んでいれば，地上換算で

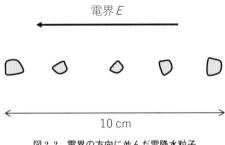

図3.3　**電界の方向に並んだ雲降水粒子**
ここでは雲降水粒子として霰を想定．

500 kV/m よりも弱い電界でも放電が発生している可能性はあり，非常に面白い考え方である．

3.4.3 雲降水粒子仮説の問題点

ここまでは雲降水粒子を核として正ストリーマが発生できるか否か，という点を中心に議論を進めてきた．しかしながら，正ストリーマが発生することはあくまで雲降水粒子仮説で雷放電が発生するための必要条件でしかない．つまり，雷放電まで成長するためには，多数の正ストリーマが発生した後，これらのストリーマが正リーダへ成長し，同時に逆側からも負ストリーマの発生と負リーダへの成長が必要である．

では正ストリーマが正リーダになり，また負ストリーマから負リーダに成長するにはどれだけの電界が必要だろうか．またその高電界領域の水平垂直スケールはどの程度だろうか．ストリーマからリーダへの成長までに必要な電界や高電界領域のスケールは今のところよくわかっていない．絶縁破壊強度が地上換算で 3 MV/m であることを考慮すると，リーダ形成に必要な電界は正ストリーマ発生の電界 500 kV/m と 3 MV/m の間の電界であろう，と推測されている（Dwyer and Uman, 2014）．また 3.6 節で述べる通り，雷放電発生前に観測された正ストリーマが約 100 m 伸展していたことから（Sterpka *et al.*, 2021），必要な高電界領域のスケールは数十から 100 m 程度の大きさが必要と推測される．リーダへの成長条件（電界の大きさ，水平スケール）に加えて，どのような過程を経てリーダへと成長するのかは，定性的には説明できるものの，定量的にはまだ理解できていない．

3.5 逃走絶縁破壊仮説

3.5.1 逃走絶縁破壊に必要な電界強度

逃走絶縁破壊仮説では，雷雲内で逃走絶縁破壊が発生しそれに起因して雷放電が発生する．まずは逃走絶縁破壊について述べる．後述する通り，高電界中の高エネルギー電子（概ね数 MeV）は大気分子との衝突が少ないため，E_k よりも弱い電界でも高エネルギー電子の数は増加する．これらの高エネルギー電

3.5 逃走絶縁破壊仮説

子の増加に伴い，多数の低エネルギー電子を生み出し，最終的には絶縁破壊が発生する（Milikh and Roussel-Dupré, 2010）．この逃走絶縁破壊が発生するためには，最初にタネとなる高エネルギー電子が必要である．この高エネルギー電子の源として，空気シャワー（cosmic ray shower：CRS）による高エネルギー電子の生成が考えられている（e. g., Solomon et al., 2001）．ここで空気シャワーとは，高エネルギー宇宙線が大気圏に突入すると大気との相互作用で，二次粒子（電子，γ線，ミューオン，中間子など）が発生し，新しく発生した高エネルギー粒子も相互作用により，次々に新しい二次粒子を生み出す現象である（図3.4）．この空気シャワーにより発生した高エネルギー電子が雷雲内の高電界領域に達すると，逃走絶縁破壊が発生する．なお，空気シャワー以外にも放射性物質であるラドン娘核種の崩壊に伴う高エネルギー電子の放出も，高エネルギー電子の源の一つと考えられている（Solomon et al., 2001；Dwyer and Uman, 2014）．

この逃走絶縁破壊の注目すべき点は，弱い電界でも発生できることである．

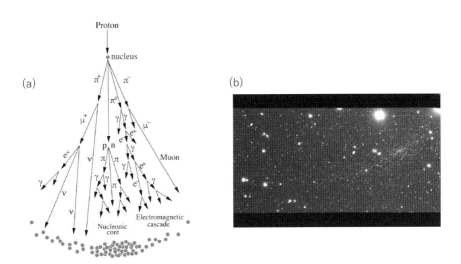

図3.4 空気シャワー
(a) 概念図．一次宇宙線（ここではプロトンを想定）が大気と相互作用し，電子をはじめとして様々な二次粒子を次々に生み出す．川田（2019）より許可を得て掲載．(b) すばる望遠鏡で観測された空気シャワー．右上から中央までに見える左下向きの白い線が空気シャワーによる発光．© Kawanomoto et al. (2023)（Licensed under CC BY 4.0 DEED）．

正ストリーマの発生に必要な電界が地上換算で 500 kV/m に対して，逃走絶縁破壊に必要な電界（E_{th}）は，理論計算によると地上換算で 284 kV/m である（Dwyer and Uman, 2014）．逃走絶縁破壊理論では雲降水粒子仮説で必要な電界の 6 割以下と小さいため，必要な電界だけを考えれば，逃走絶縁破壊仮説は非常に期待が持てそうである．Gurevich *et al.* (1992) が雷雲内で逃走絶縁破壊が発生する可能性を指摘して以降，この逃走絶縁破壊は注目されることとなる．なお，逃走絶縁破壊の基本的なアイデア自体は霧箱で有名なウィルソンにより，今からおよそ 100 年前に示されていた（Wilson, 1925）．ウィルソンはスプライトなどの高高度放電発光現象の存在も予言しており，彼の慧眼には驚かされる．

3.5.2 高エネルギー電子はなぜ逃走絶縁破壊を起こせるのか？

有名なラザフォードの実験を振り返ってみよう．ラザフォードは α 線（ヘリウム原子核）を金箔に照射し，散乱する α 粒子の計測を行い，金の原子核の大きさを推定している．なお，ラザフォードはこれらの一連の研究によりノーベル化学賞を受賞した．ラザフォード散乱は，α 線の散乱断面積が照射 α 線エネルギーの 2 乗に反比例することを示している．ここで散乱断面積とは，散乱体（ラザフォード散乱では金の原子核）に対して入射粒子（ラザフォード散乱では α 線）の散乱しやすさを示す物理量である．簡単にいうと，散乱断面積は入射粒子から見た散乱体の「標的の大きさ」に対応し，散乱断面積が大きい方が散乱しやすい（つまり衝突しやすい）．ラザフォード散乱では入射するアルファ線のエネルギー（ε）が大きいほど，金の原子核との散乱確率が減少する（散乱断面積 $\propto \varepsilon^{-2}$）．大気中を伝搬する高エネルギー電子にも，このラザフォード散乱の知見を適応できる．つまり，散乱体を大気分子，入射粒子を電子とすれば，エネルギー ε の電子が大気分子に散乱される確率は ε の 2 乗に反比例する．言い換えると，電子のエネルギーが大きいほど，大気分子との散乱確率が下がる．すなわち，高エネルギー電子は大気分子との衝突回数が減る．このため高エネルギー電子であれば，平均自由行程が長くなり，次の大気分子との衝突までに大きなエネルギーを電界から獲得しやすくなる．この作用により，高エネルギー電子が雷雲の強電界領域に入射した場合，弱い電界でも絶縁

3.5 逃走絶縁破壊仮説　　　　　　　　　　　　　　　　65

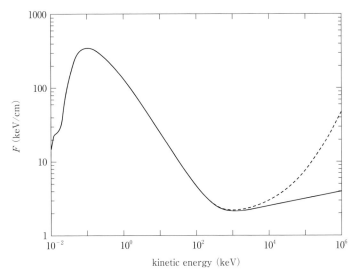

図 3.5　大気中を運動する電子の単位距離あたりのエネルギー損失
横軸は電子のエネルギー，縦軸は単位距離あたりのエネルギー損失．実線は大気分子との相互作用によるエネルギー損失．破線は制動放射の効果を加えたエネルギー損失を示す．エネルギー損失よりも電界から受け取るエネルギーが大きければ，絶縁破壊が発生する．Dwyer (2004) を参考に作成．

破壊を起こすことができる．ただし，入射する電子のエネルギーが大きければ大きいほど，どこまででも絶縁破壊に必要な電界が小さくてよいかというとそれには限界がある．相対論的効果の影響である．

図 3.5 に，大気中を運動する高エネルギー電子が単位距離あたりの失うエネルギーの計算結果を示す（電子が失うエネルギーを距離で除したものなので，電子が大気から受ける平均的な摩擦力と考えてもよい）．図で示す通り，0.1 keV から 1 MeV まで電子はエネルギーが大きい方が，失うエネルギーが減少する．つまり，この領域では電子のエネルギーが大きい方が大気との衝突機会が減るため大気から摩擦力が小さく，弱い電界でも大きく加速しやすい．一方で，1 MeV 以上の電子は非常に高速で運動しているため（1 MeV で光速のおよそ 90% の速度），相対論的効果が顕在化し大気分子との散乱が上昇し始める．また数 MeV あたりから制動放射（高エネルギー電子が加速度を受けることにより X 線や γ 線を放射する相互作用）によるエネルギー損失も大きく

なる．このため，相対論的効果が現れる前の 1 MeV あたりの高エネルギー電子は，大気中でのエネルギー損失が最も小さいため，弱い外部電界でも絶縁破壊を発生させることができる．大気からの摩擦力が最も弱くなる時の必要な電界は地上換算で 218 kV/m と理論的に求められている．この電界は break even field (E_be) と呼ばれており，電界ベクトルと平行に電子が進んだ場合は，この電界で逃走絶縁破壊が発生する．しかしながら電界と平行に電子が真っ直ぐに進むことはなく，衝突が余分に発生するため，実際の雷雲では E_be よりも大きな $E_\mathrm{th} = 284$ kV/m（地上換算）が必要であると考えられている（Dwyer and Uman, 2014）．

3.5.3 | 逃走絶縁破壊にもとづいた雷放電開始メカニズムと問題点

Gurevich *et al.* (1992, 1999) や Gurevich and Zybin (2001) では，逃走絶縁破壊を用いて，雷放電開始メカニズムを提案している．彼らによると，二次宇宙線などによる高エネルギー電子が雷雲内の高電界領域に入射することにより，逃走絶縁破壊が発生する．この逃走絶縁破壊に伴い大量の低エネルギー電子が発生し，一時的なプラズマ領域が形成されると考えている．このプラズマの両端では外部電界により電荷が生じ，その先端では大きな電界となる．このプラズマは構造的にはストリーマに似ており，場合によってはリーダへ成長する可能性を示した．この逃走絶縁破壊に起因するプラズマからのリーダ発生が雷放電の最初のリーダ，すなわち雷放電の開始であるとしている．一方で，Dwyer (2005) は逃走絶縁破壊により発生した低エネルギー電子は水平方向に広がり，電子密度が小さくなることを指摘した．電子密度が低くなることから，このプラズマがリーダには成長しないと指摘している．

Dwyer (2005) は逃走絶縁破壊を用いた別のメカニズムを示唆している．雷雲高電界領域で逃走絶縁破壊が発生すると，それに伴って発生する陽電子（positron）や X 線が逆方向に伸展し，逃走絶縁破壊のタネとなる高エネルギー電子数を増加させる（e.g., Dwyer, 2003）．この効果が局所的な電界を強め，結果的に雲降水粒子仮説により雷放電が発生する可能性を示唆している（Dwyer, 2005）．これは逃走絶縁破壊仮説と雲降水粒子仮説のハイブリッド型の雷放電開始メカニズムといってよいかもしれない．

逃走絶縁破壊仮説の問題は，強電界領域の広さの問題である．逃走絶縁破壊が発生するには，E_{th} を超える強電界領域が数百 m から 1 km のオーダの広い領域が必要なことである．つまり，雲降水粒子仮説と比較し，必要な電界は弱くてもよいが，より広い高電界の領域が必要である．電界ゾンデ観測結果（Stolzenburg and Marshall, 2009）によると，電界強度が地上換算で 284 kV/m を超えることは少ないことから，本当に数百 m から 1 km オーダの広い領域で E_{th} を超えるような電界が雷雲内に発生しているかどうかは，よくわからない．また，実験室での逃走絶縁破壊の再現実験の結果を確認したいが，逃走絶縁破壊を模擬するには数百 m から 1 km のオーダの広さの高電界（つまり，非常に大きな実験装置）が必要で，3.1 節で述べた通り逃走絶縁破壊を実験室で発生させるのは現実的には困難である．ただし，近年の地上放射線観測結果から，雷雲内の電界強度や高電界領域のスケールを逆算した結果が報告されている（Wada et al., 2019）．その報告によると，雷雲内に E_{th} を超える電界が数百 m 以上にわたって存在していたと推定している．このため，逃走絶縁破壊を引き起こすだけの十分に強く広い電界領域が雷雲内に存在していると考えてよいかもしれない．

　雷雲内で高電界が発生している時や，雷放電のリーダ伸展に伴って地上で高エネルギー粒子が計測されている（e.g., Dwyer and Uman, 2014）．そのため，雷放電に関連して雷雲内で逃走絶縁破壊が発生していることは確からしいと考えられている．しかしながら，逃走絶縁破壊が雷放電開始と直接関連しているかは今のところ不明である点はここまで述べてきた通りである．

3.6 近年の観測結果

3.6.1 fast positive breakdown の観測

　近年の観測技術の発達により，雷放電開始メカニズムに関する興味深い一連の観測結果が報告されている．その最初の観測結果が，2016 年に示された fast positive breakdown（FPB）の観測である（Rison et al., 2016）．この論文は，雷放電に伴う VHF（very high frequency）帯放射源を三次元標定する lightning mapping array（LMA）と VHF 帯放射源の到来方向（方位角と仰角）

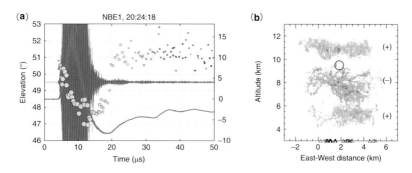

図 3.6 雲放電開始時に観測された fast positive breakdown（FPB）
(a) 雲放電発生点付近の観測結果．○は VHF 広帯域干渉計による標定点の仰角を示す．○の大きさで VHF の放射電力，色で時間進展を示す．VHF の電波強度（青線）や地上電波波形（赤線）とともに示す．(b) LMA で推定された鉛直電荷構造．オレンジ：正電荷領域．水色：負電荷領域．赤の○は左の雲放電の発生点を示す．Rison *et al.* (2016) から一部を改変して掲載．© Rison *et al.* (2016)（Licensed under CC BY 4.0 DEED）（口絵 5 参照）．

を標定する VHF 帯干渉計を用いた観測結果である（観測装置の詳細は 8.3 節を参照）．ここで標定とは，電波の到来方向や放射源の位置を推定することを表す．また標定点とはその位置推定結果でありその点で何らかの放電があったと考えられる．図 3.6 の事例は LMA の観測によると高度 9 km あたりで発生した後高度 11 km まで上昇し，その後水平方向に進んだ雲放電である．図 3.6 (b) に示す通り，この雷雲の電荷構造は電荷の極性が上から正負正の三重極構造をしており，この雲放電は上部正電荷領域とその下の負電荷領域の間で発生している．雲放電開始後の 9 km から 11 km まで上昇したリーダは正電荷領域に達することから，リーダの極性は負極性，つまり負リーダである．

彼らはこの事例の開始点付近を VHF 帯干渉計で観測し，その観測結果を詳細に解析した．図 3.6(a) は VHF 帯干渉計で得られた雲放電の VHF 帯標定点の仰角を○で示している．放電開始直後から 12 µs までに仰角が 50.5° から 47° まで減少し，その後仰角は 53° にまで上昇している．5.2 節で述べる通り，放電開始点付近は電界がほぼ鉛直であることが多いため，観測された放射源は鉛直方向に進むと考えれば，仰角の減少（増加）はそのまま標定点高度の下降（上昇）を意味する．図 3.6(a) の後半（20～50 µs）の標定点の上昇は正電荷領域に向かう負リーダの最初の部分である．では最初の 12 µs までの仰角の低下は一体何であろうか？　この下向きの標定点こそが，彼らが初めて観測に成

3.6 近年の観測結果

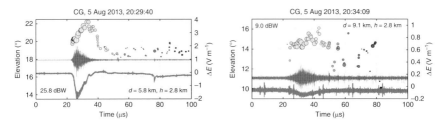

図 3.7 落雷開始時に観測された FPB
図 3.6(a) と同じフォーマットで示す．最初の 10 μs ほどの標定点が FPB．Rison *et al.*（2016）から一部を抜粋して掲載．© Rison *et al.*（2016）(Licensed under CC BY 4.0 DEED).

功した FPB である．この FPB の標定点の伸展方向は，直後に発生する負リーダと逆方向であったことから，FPB は正極性の放電であることがわかる．また彼らは同時に観測した地上電磁波波形（図 3.6(a) の赤線）の逆問題を解くことにより FPB はリーダではなくストリーマであると推定している．つまり，FPB は後続の負リーダとは逆向きに伸展する正ストリーマである．

さらに負極性落雷など他の事例でも，同様の結果が得られている．図 3.7 は負極性落雷の開始付近の観測結果で，負極性落雷の最初に観測された標定点（FPB）はどちらも上向きに伸展している．負極性落雷の負リーダは下向きに進むことから，FPB はその逆の上向きに進むのである．雲放電の FPB（図 3.6）も負極性落雷の FPB（図 3.7）もどちらも後続の負リーダの直前に発生し，かつ後続の負リーダとは鉛直方向の逆に進んでいる．彼らの結果によると雲放電も落雷も，後続の負リーダと逆方向に伸展する正ストリーマである FPB から始まるのである．なお，ここでは詳細は割愛するが，この FPB は narrow bipolar event（NBE）と呼ばれる現象に伴って観測された現象である．NBE は雷雲の高電界内で発生する数十 μs 程度の非常に継続時間の短い放電で，放射電力の大きな放電である．NBE は雷放電と全く関係なく独立して発生することもあれば，この事例のように雷放電と関連して発生することもある．詳しいメカニズムはまだよく分かっていない．

この観測結果は雷放電の開始メカニズムを考える上で，非常に大きな進展である．雷放電開始メカニズムは，雲降水粒子仮説か，逃走絶縁破壊仮説か？どれが正解なのかわからない状態で，雲降水粒子仮説で予測された正ストリー

マ（図 3.2）が，雷放電開始時に観測されたのである．これにより雷放電の開始メカニズムとして，雲降水粒子仮説が改めて見直されたことはもちろんである．彼らの研究に引き続き，他の研究グループでも FPB の観測が報告されている．

Rison *et al.* (2016) の FPB の観測結果は方位角，仰角の二次元観測であったため，高度情報はあくまで推定でしかなかった．その後，LOFAR と呼ばれる多数の VHF センサを組み合わせた雷放電観測装置により，この FPB の三次元観測結果が報告されている（Sterpka *et al.*, 2021）．彼らは，FPB とそれに続いて逆方向に伸展する負リーダの三次元標定に成功した．この観測結果を模式的に図 3.8 に示す．この報告によると FPB の長さは 99 m であり，FPB の伸展後に逆方向から負リーダが伸展している．さらに興味深いことは，この FPB はその成長とともに受信された電波強度が大きくなることである．電波強度が大きくなることから，FPB は枝分かれをしながら 100 m ほど伸展した正ストリーマであると彼らは考えている．図 3.8 に示す通り，ある一点（観測はできていないが雲降水粒子か？）から正リーダが伸展した後，（観測はできていないが，スタート地点で負電荷が蓄積され逆方向に負ストリーマが発生？）最終的に負リーダに成長したと理解できる．Rison *et al.* (2016) や Sterpka *et*

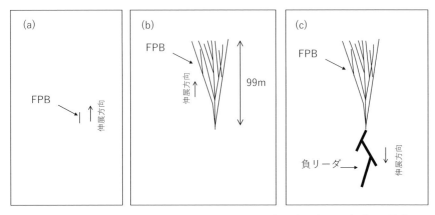

図 3.8　LOFAR により観測された fast positive breakdown（FPB）と負リーダの伸展の模式図
細い直線は FPB（正ストリーマ伸展），太い直線は負リーダ伸展を示す．(a) FPB が発生．(b) FPB が枝分かれを伴いながら伸展．(c) FPB の開始点付近から負リーダが発生する．(a) から (c) までで 20 μs 程度．Sterpka *et al.* (2021) をもとに簡略化して作成．

al.（2021）の観測結果は，雲降水粒子仮説と整合的である．これは雲粒子仮説の模式図の図 3.2 と観測結果の図 3.8 を見比べれば両者がよく似ていることからも納得できるだろう．

3.6.2 ▎大気シャワーによる電界の強化？

　雲降水粒子仮説で予測された FPB が雷放電の最初の放電である，とした時にまだいくつかの疑問が残る．この章でたびたび出てくる雷雲中の電界が弱い問題である．3.3 節で述べた通り，電界ゾンデ観測結果によると雷放電発生時の電界は地上換算で多くの場合で 200 kV/m 程度であり，雷放電発生点に近いと考えられる電界強度も，必ずしも正ストリーマの発生に必要な電界強度（地上換算で 500 kV/m）に達しているわけではない（表 3.1）．もちろん電界ゾンデで観測できていないだけ，という可能性は捨てきれないものの，できれば納得のできる説明が欲しいところである．

　その一つとして，空気シャワーによる電界強化の可能性が示唆されている（Shao *et al.*, 2020）（図 3.9）．3.5 節で示した通り，大気シャワーとは宇宙線と大気の相互作用により，多数の高エネルギー粒子が大気中に発生する現象である（図 3.4）．Shao *et al.*（2020）は下向きに伸展する FPB 発生の直前に，FPB ではない VHF 帯放射源の観測に成功した．図 3.9(a) の矢印 b で示した右下向きの伸展が FPB である．同図の矢印 a で示した FPB に向かう放射源の伸展が，FPB の発生直前に観測された VHF 放射源である．この矢印 a の VHF 放射源は FPB と比較して放射電力が小さく，また伸展速度が光速の半分を超えるほど非常に高速であった．このため，この放射源は FPB のようなストリーマ伸展とは考えられない（FPB の伸展速度は 10^7 m/s のオーダであり，10^8 m/s を超えるような高速で伸展する現象は FPB とは考えられない）．そこで，彼らはこの放射電力が弱く，かつ，光速近くで伸展する放射源（矢印 a）を，CRS front と考えた．CRS front とは空気シャワー（CRS）により発生した多数の低エネルギー電子からなる電子層で，光速近くで伝搬する．そしてこの CRS front が局所的に電界を高め，FPB を発生させたのではないかと彼らは推測している（図 3.9(b)）．

　彼らはシンプルかつ現実的なシミュレーション結果を示している．それによ

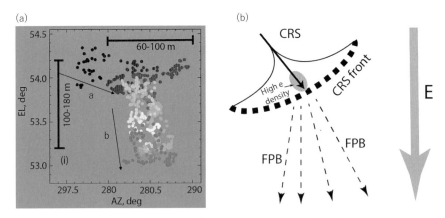

図 3.9 空気シャワーと fast positive breakdown (FPB)
(a) VHF 帯干渉計による雷放電開始前後の VHF 放射源（方位角 - 仰角）観測結果．矢印 a で示された放射源は CRS front，矢印 b で示された放射源は FPB と考えられる．色で時間進展を示し，黒→紫→青→水色→緑→黄→橙→赤の順である．黒から赤までおよそ 50 μs．(b) Shao らが考える CRS, CRS front, FPB の関係．Shao *et al.* (2020) から一部改変して掲載．© Shao *et al.* (2020) (Licensed under CC BY 4.0 DEED)（口絵 6 参照）．

ると 10^{16} eV のエネルギーを持つ一次宇宙線により発生した空気シャワーに伴う CRS front は 10 m 程度の厚みを持ち，局所的な電界を 3 倍程度高めることも可能であるとしている．ゾンデにより観測された雷放電発生時の電界強度の多くが地上換算で 200 V/m 程度であるのに対して，彼らの試算通り電界が局所的に 3 倍高まるのであれば，実質的に地上換算で 600 kV/m となる．これは正ストリーマ発生に必要な電界強度（地上換算で 500 kV/m）を超えるため，実際の雷雲内で正ストリーマの電界強度に達している可能性は十分あるだろう．彼らは雲降水粒子仮説で正ストリーマ発生のための電界の強さが足りない問題を，空気シャワーによって説明を試みたといってよい．

3.6.3 fast negative breakdown の観測

ここまでの理論，実験，観測から得た結果をまとめると，以下のようになる．雷放電開始のメカニズムは雲降水粒子仮説の通り，雲降水粒子から発生する正ストリーマ（FPB）をきっかけとして，雷放電が発生しているようである (Rison *et al.*, 2016; Sterpka *et al.*, 2021; Shao *et al.*, 2020)．正ストリーマが伸

展することにより，その反対側では負電荷が多くなるため，やがて反対側から負ストリーマや負リーダが発生する．正ストリーマ生成に必要な電界強度が足りない問題は，空気シャワーに伴う CRS front が局所的な電界を強めることにより（3 倍程度），ある程度説明が可能となった（Shao et al., 2020）．まだまだ限られた観測結果であり定量的な検証が必要なものの，雷放電開始メカニズムに関する問題の解決の光が，ぼんやりと見えてきたようである．

ただ，ここまで来てもまだ疑問は残る．改めて，雲降水粒子仮説の概念図（図3.2）を見ていただきたい．足りていない観測結果があることに気づかないだろうか？ 雲降水粒子仮説が正しいのであれば，図 3.2(c) で示されているように，FPB の反対方向に伸展する負ストリーマも観測されてもよさそうである．ここまで紹介した結果は全て FPB（正ストリーマ）であった．

Tilles et al.（2019）は，VHF 帯干渉計を用いて，負ストリーマの短い放電である fast negative breakdown（FNB）が，雷放電開始時に発生していたことを初めて示した（図 3.10）．FPB と FNB の違いは，極性と伸展方向だけで，速度や電流値はよく似ている．FPB は後続の負リーダと逆方向に伸展したのに対して，FNB は同じ方向に伸展している．この研究の興味深い点は，負ストリーマ（FNB）が観測された事例では，正ストリーマ（FPB）は観測されず，FNB だけが観測された点である．Rison et al.（2016）から始まる本節で紹介した一連の観測結果をまとめると，雷放電の開始時に FPB や FNB が観測されることがある．ただし，これまで紹介してきた観測では，一つの雷放電に対して FPB か FNB のどちらか一方だけが観測されており，両方同時に観測されているわけではない．一方で，図 3.2 の雲降水粒子仮説の模式図によれば，正ストリーマと負ストリーマの両方が発生しているので，まだ観測と理論に乖離があるようだ．どういうことだろうか？

Huang et al.（2021）は非常に興味深い観測結果を示している．彼らは VHF 帯干渉計で観測した fast breakdown（FB：FPB や FNB などの総称で雷放電開始時に発生する継続時間が十数 µs の放射源）を 60 事例解析し，そのうちの 48 事例が FPB，8 事例は FNB であることを示した．残りの 4 事例は FPB と FNB の両方が混ざった mixed fast breakdown（MFB）であると報告している．彼らの解析によると，MFB はその十数 µs ほどの継続時間の間に，開始時は

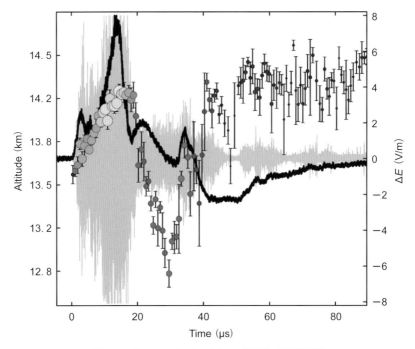

図 3.10　fast negative breakdown（FNB）の観測事例
○で VHF 標定点（高度）を示す．後半の放射源は負リーダの進展．その直前に観測された VHF 標定点（0～18 μs）が FNB の放射源．後続の負リーダと FNB はどちらも上向きに伸展している．ここからどちらも同じ負極性であることがわかる．Tilles et al.（2019）から一部改変して掲載．© Tilles et al.（2019）（Licensed under CC BY 4.0 DEED）．

FPB と FNB の両方の伸展が混ざった状態，その後の数 μs までは FNB の伸展，後半は FNB とは逆方向に伸展した FPB，がそれぞれ観測されたとしている．
　彼らの利用している VHF 帯干渉計の特性上，最も放射の強かった放射源のみ標定するため，FNB と FPB が同時に伸展した場合は，各時点で放射の強い方のみを標定する．そのため，MFB の観測結果から FPB と FNB の両方が逆方向に同時に伸展したことにより，MFB が観測されたと彼らは主張している．これはまさに雲降水粒子仮説の概念図 3.2(c) で示された通りの描像である．では，なぜ彼らの観測で，一方だけの極性のストリーマ，つまり正極性の FPB（48 事例）や負極性の FNB（8 例）の観測事例が多くあったのだろうか？ Huang et al.（2021）によると，前述の通り FPB と FNB が両方同時に伸展し

たとしても，どちらかの放射源が片方よりも強ければ，放射源の強い方の伸展を観測してしまう．つまり，FPB や FNB だけが観測された事例は，どれもおそらくは双方向に FPB と FNB が伸展していたが，放射強度の強い方の FB のみを観測し，もう片方の FB は観測できていなかったのでは，と推測している．この考えが正しいのであれば，雷放電の開始時には FPB, FNB と呼ぶ正と負のストリーマが，同時にかつ逆方向に発生していることになる．つまり，図 3.2 で示した雲降水粒子仮説の描像に非常に近い観測結果である．

　ここまで述べてきた観測結果から，雲降水粒子仮説から考えられる FPB や FNB が雷放電発生に何らかの大きな寄与があることはおそらく間違いないと思われる．しかしながら，FPB や FNB が観測されずに雷放電が発生している事例も近年報告されている（Lyu *et al*., 2019）．なお，Lyu *et al*.（2019）は FPB で雷放電が開始する事例も観測しており，FPB で雷放電が開始する可能性を否定はしていない．FPB が観測されない雷放電も存在することから，雲降水粒子仮説とは異なるメカニズムでも雷放電が発生している可能性も残されている．雷放電開始メカニズムは，複数あっても不思議ではないため，現時点で雲降水粒子仮説だけと思い込むのは少し危険かもしれない．

コラム 5　雷放電開始メカニズム研究に貢献した VHF 帯干渉計

　3.6 節で述べた通り，雷放電開始と関連がある最初の FPB, FNB, MFB, 空気シャワーなどの重要な結果は，VHF 帯広帯域干渉計により観測された結果である．この装置は 1990 年代から継続して大阪大学を中心に開発を進めてきた装置である（8.3.2 項参照）．2010 年代に大きく進化を遂げた．以前はデータを記録するメモリの制約から大きなパルスのみを保存するシステムであった．しかしながら，Akita *et al*.（2014）や Stock *et al*.（2014）は大きなメモリを搭載し 1 秒以上の連続記録へとアップデートして，ノイズに埋もれて以前は標定できていなかった放射電力の小さな電磁波パルスも標定可能とした．この技術向上が前述の観測成功につながっている．観測技術の向上は新たな物理現象の発見につながることはよく知られているが，VHF 帯干渉計の技術向上が雷放電開始メカニズムの理解に貢献したことは，まさにその好例といえるであろう．

　なお，筆者自身も 2009 年から VHF 帯干渉計を用いた観測を実施していた．当時でも連続記録のアイデアはあったものの，ここまで大きな成果を上げるとは予

測できていなかった．連続記録でこれまでのトリガにかからないような小さな電磁波パルスを標定すれば，今まで見えなかった物理が見えてくるのは簡単に想像できることである．しかしながら当時の筆者はその重要性に気づくことなく，その開発に比重を置くことがなかったのは悔しい思いはある．とはいえまだ我々の知らないまだ開発されていない観測装置があるはずで，これからも新しい装置開発に携わりたいと考えている．

文　献

[1] Akita, M. *et al.*, 2014：Data processing procedure using distribution of slopes of phase differences for broadband VHF interferometer. *J. Geophys. Res. Atmos.*, **119**, 6085-6104.
[2] Dwyer, J. R., 2003：A fundamental limit on electric fields in air. *Geophys. Res. Lett.*, **30** (20), 2055, doi：10.1029/2003GL017781.
[3] Dwyer, J. R., 2004：Implications of x-ray emission from lightning. *Geophys. Res. Lett.*, **31**, L12102, doi：10.1029/2004GL019795.
[4] Dwyer, J. R., 2005：The initiation of lightning by runaway air breakdown. *Geophys. Res. Lett.*, **32**, L20808, doi：10.1029/2005GL023975.
[5] Dwyer, J. R. and M. A. Uman, 2014：The physics of lightning. *Physics Reports*, **534**, 147-241.
[6] Gurevich, A. V. *et al.*, 1992：Runaway electron mechanism of air breakdown and preconditioning during a thunderstorm. *Phys. Lett. A*, **165**, 463-468.
[7] Gurevich, A. V. *et al.*, 1999：Lightning initiation by simultaneous effect of runaway breakdown and cosmic ray showers. *Phys. Lett. A*, **254**, 79-87.
[8] Gurevich, A. V. and K. P. Zybin, 2001：Runaway breakdown and electric discharges in thunderstorms, *Phys.-Uspekhi*, **44**(11), 1119-1140.
[9] Huang, A. *et al.*, 2021：Lightning initiation from fast negative breakdown is led by positive polarity dominated streamers. *Geophys. Res. Lett.*, **48**, e2020GL091553.
[10] Kawanomoto, S. *et al.*, 2023：Observing cosmic-ray extensive air showers with a silicon imaging detector. *Sci. Rep.*, **13**, 16091.
[11] Lyu, F. *et al.*, 2019：Lightning initiation processes imaged with very high frequency broadband interferometry. *J. Geophys. Res. Atmos.*, **124**, 2994-3004.
[12] Marshall, T. C. *et al.*, 1995：Electric field magnitudes and lightning initiation in thunderstorms. *J. Geophys. Res.*, **100**(D4), 7097-7103.
[13] Mazur, V., 2016：The components of lightning in principles of lightning physics, IOP Publishing Ltd.

［14］ Mazur, V. *et al.*, 2015：Simulating electrodeless discharge from a hydrometeor array. *J. Geophys. Res. Atmos.*, **120**, 10879-10889.

［15］ Milikh, G. and R. Roussel-Dupré, 2010：Runaway breakdown and electrical discharges in thunderstorms. *J. Geophys. Res.*, **115**, A00E60, doi：10.1029/2009JA014818.

［16］ Petersen, D. *et al.*, 2008：A brief review of the problem of lightning initiation and a hypothesis of initial lightning leader formation. *J. Geophys. Res.*, **113**, D17205, doi：10.1029/2007JD009036.

［17］ Phelps, C. T., 1974：Positive streamer system intensification and its possible role in lightning initiation. *J. Atmos. Sol. Terr. Phys.*, **36**, 103-111.

［18］ Phelps, C. T. and R. F. Griffiths, 1976：Dependence of positive corona streamer propagation on air pressure and water vapour content. *J. Appl. Phys.*, **47**(7), 2929-2934.

［19］ Rison, W. *et al.*, 2016：Observations of narrow bipolar events reveal how lightning is initiated in thunderstorms. *Nat. Commun.*, **7**, 10721.

［20］ Shao, X.-M. *et al.*, 2020：Lightning interferometry uncertainty, beam steering interferometry, and evidence of lightning being ignited by a cosmic ray shower. *J. Geophys. Res. Atmos.*, **125**, e2019JD032273.

［21］ Solomon, R. *et al.*, 2001：Lightning initiation-conventional and runaway-breakdown hypotheses. *Q. J. R. Meteorol. Soc.*, **127**, 2683-2704.

［22］ Sterpka, C. *et al.*, 2021：The spontaneous nature of lightning initiation revealed. *Geophys. Res. Lett.*, **48**, e2021GL095511.

［23］ Stock, M. G. *et al.*, 2014：Continuous broadband digital interferometry of lightning using a generalized cross-correlation algorithm. *J. Geophys. Res. Atmos.*, **119**, 3134-3165.

［24］ Stolzenburg, M. *et al.*, 2007：Electric field values observed near lightning flash initiations. *Geophys. Res. Lett.*, **34**, L04804, doi：10.1029/2006GL028777.

［25］ Stolzenburg, M. and T. C. Marshall, 2009：Electric field and charge structure in lighting-producing clouds. In：*Principles, Instruments and Applications*：*Review of Modern Lightning Research*, eds H. D. Betz, U. Schumann, P. Laroche, Springer, 57-82.

［26］ Tilles, J. N. *et al.*, 2019：Fast negative breakdown in thunderstorms. *Nat. Commun.*, **10**, 1648.

［27］ Wada, Y. *et al.*, 2019：Gamma-ray glow preceding downward terrestrial gamma-ray flash. *Commun. Phys.*, **2**, 67.

［28］ Wilson, C. T. R., 1925：The electric field of a thunderstorm and some of its effects, *Proc. Phys. Soc. Lond.*, **37**, 32D-37D.

CHAPTER 4
電荷分離機構

4.1 はじめに

　電荷分離メカニズム，すなわち雷雲内で正と負の電荷がどのようにして発生するのか？　これが本章のテーマである．このテーマは長らく研究が続けられてきた．先達により明らかにされてきた部分は大きいものの，研究者間で統一的な見解が得られたとはいい難く，現在でも複数の説が存在している．電荷分離メカニズムは，雷放電の源ともいうべきプロセスであり，雷放電を考える上で基本的かつ重要な問題であるのはもちろんである．また，数値気象モデル内で雷放電を再現するためには，その詳細な理解が不可欠である．

　4.2節では，着氷電荷分離機構について述べる．着氷電荷分離機構は，霰と氷晶の衝突により正と負に電荷分離するモデルであり，現在雷雲の電荷構造に最も寄与が大きいと概ね研究者間でコンセンサスが得られている電荷分離メカニズムである．この着氷電荷分離機構を用いて，雷雲の基本的な電荷構造である三重極構造（上から正負正）を説明することが可能である．着氷電荷分離機構の物理的解釈としてここでは2つを紹介したい．一つは，Takahashi (1978)などで提案されている温度勾配や水膜を用いた解釈，もう一つは英国マンチェスター大学の研究者を中心に示された，拡散成長速度の違いにより説明するrelative diffusional growth rate theory（本書では相対拡散成長速度説と呼ぶ）について示す．着氷電荷分離機構は雷雲内の電荷分離メカニズムを説明する説の一つであるため，着氷電荷分離「説」といったほうが適切かもしれない．しかしながら，既に着氷電荷分離機構という名称が国内では一般的であるため，本書では着氷電荷分離機構という名称を用いる．

　4.3節以降は，着氷電荷分離機構以外の電荷分離を紹介する．まず，4.3節

ではレナード効果を用いた説について紹介する．これは20世紀初頭に提案された電荷分離メカニズムで，今では雷雲の電荷構造に大きな寄与はないと考えられている．しかしながら，この研究に取り組んだシンプソンの観測は後の研究に大きな影響を与えたことから取り上げたい．4.4節では，上昇気流や下降気流によって電荷が輸送されることにより，雷雲の電荷構造を説明するイオン対流説について述べる．4.5節では，分極誘導説やイオン誘導説も紹介する．

なお，本章で挙げる電荷分離以外にも凍結電位説や融解電荷分離説など存在するが，その詳細は類書を参考いただきたい（e. g., 髙橋，2009）．

4.2 着氷電荷分離機構

着氷電荷分離機構（riming electrification process）では，ライミング（riming）により成長している霰（大きな氷粒子）が氷晶（小さな氷粒子で概ね200 μm以下）と衝突することにより，電荷分離が発生する．ライミングとは霰などの氷粒子が，過冷却状態にある雲水（小さな液相の水で概ね直径数十 μm. 雲粒ともいう）と衝突・併合し，成長するプロセスである．なお，過冷却状態にあ

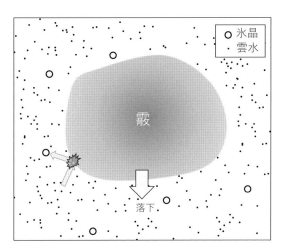

図 4.1　ライミング中の霰が氷晶と衝突する様子
この衝突により，電荷分離が発生する．帯電量や極性は気温や雲水量に依存する．

る，とは0℃以下で水が凍らずに液相であることを指す．ライミング中の霰と氷晶の衝突の模式図を図4.1に示す．霰は氷晶や雲水よりも大きく落下速度が大きいため，氷晶や雲水に対して霰は相対的に落下している．霰は落下中に多数の雲水とのライミングを繰り返している．このような状況下で霰が氷晶とも衝突すると，電荷分離が発生する．これが着氷電荷分離機構の概略である．

　着氷電荷分離機構の研究は，Reynolds *et al.* (1957) の実験から始まった．彼らは霰が氷晶との衝突後に霰が負に帯電することを室内実験で確認した．これ以降，様々な条件下で霰と氷晶を衝突させ，得られる電荷量や極性が実験室で調べられた．ハワイ大学の高橋（e.g., Takahashi, 1978）やマンチェスター大学の研究グループの室内実験（e.g., Jayarantne *et al.*, 1983）により，衝突後の霰の極性や電荷量は，気温や雲水量（大気の単位質量あたりの雲水の質量）に依存することが示された．室内実験結果（e.g., Takahashi, 1978）によると，雲水量にもよるが低温領域（概ね−10℃以下）で衝突すると，霰は負，氷晶は正に帯電する．高温領域（概ね−10℃以上）で霰と氷晶が衝突すると，霰は正に帯電する．

　この結果から，上から正負正の三重極構造（5.2節参照）をある程度，説明することができる．すなわち，−10℃高度以上で氷晶と衝突し負に帯電した霰は，その高度にとどまり負電荷領域を形成する．その一方で，正に帯電した氷

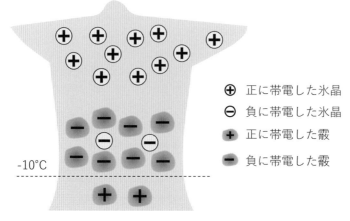

図4.2　着氷電荷分離機構から考えられる電荷構造

晶は軽いので雷雲上部に吹き上げられ正電荷領域を形成する．また -10℃ 高度以下で氷晶と衝突し正に帯電した霰は，その高度で正電荷領域を形成する一方で，負に帯電した氷晶は上昇し，負電荷領域を形成する．その結果，雷雲は上から正負正の三重極構造を形成する（図 4.2）．この着氷電荷分離機構は，発生する電荷量が実際の雷雲内電荷量に見合うほど十分大きいと考えられていること，さらに実際の雷雲内電荷構造の観測結果とも概ね整合的であることから，現在最も有力な説である（Saunders, 2008）．なお，着氷電荷分離機構は英語で riming electrification process と表すが後述の inductive process（分極誘導説）との対比で non-inductive process と表現されることもある．つまり電荷分離が発生するには分極誘導説で仮定しているような周囲の電界は不要であることを意味している．また，ice crystal/graupel charging（Saunders, 2008）と表すことがあるなどいくつかの呼称があるようだ．

　ところで，なぜ気温や雲水量の環境の違いにより，霰は氷晶との衝突後に正に帯電したり，負に帯電したり変化するのだろうか？　その理由はこれらの違いにより氷粒子表面の物性が大きく変化するためである．気温が違えば氷表面の物性が異なるのは直感で理解できるだろう．一方で，雲水量に関しては直感ではわかりにくい．雲水量が多いほど霰と雲水の衝突が増加し，霰表面では多数のライミングが発生する．ライミングにより霰表面では雲水が凝固し，潜熱の一部を霰に供給するため霰を加熱する．このため，霰の表面は周囲の気温よりも高温となる．ライミングの計算機シミュレーションによると，雲水量が 1 g/kg の場合に，霰の温度は周囲の気温よりもおよそ 0.5～1.5℃ 程度高温となる（Mitzeva *et al.*, 2005）．この霰表面の温度上昇は霰表面の物性の変化をもたらす．このように気温や雲水量は氷表面の物性に関連しているため，電荷分離の結果に影響を与える．なお着氷電荷分離を考える上で，霰表面の温度上昇は考慮するが，氷晶表面の気温上昇は霰表面の温度上昇より小さいと考え，本書では氷晶表面の温度上昇は無視して扱う（ただし厳密には，後述のベルシェロン過程などの影響により，氷晶表面も温度が上昇し周囲の気温よりも高温となっている）．

　電荷分離の発生している状況をイメージするために，どれだけの頻度で雲水と霰の衝突が発生しているのか概算する．発達した積乱雲では 1 cm^3 あた

り 500 程度の雲水が存在している（三隅，2017）．ここで雲水の直径を 10 μm，霰として直径 1 mm の球形を想定し落下速度を 1 m/s とすると，霰は 1 秒あたりおよそ 400 回雲水と衝突しその多くが併合している．そのため，霰表面ではライミングが絶えず発生していると考えればよいだろう．このようにライミングが多発している霰が氷晶と衝突することにより，電荷分離が発生する．なお，着氷電荷分離を考える上で，雲水量ではなく有効雲水量（effective cloud water content）を使う場合がある．有効雲水量とは，雲水量に雲水の併合効率（σ）を掛けたもので実際に霰の加熱に寄与した雲水量である．なお，併合効率は霰や雲水の形状，大きさに依存するパラメータである（Emersic and Saunders, 2010）．

4.2.1 着氷電荷分離機構の実験による共通点と相違点

着氷電荷分離機構で重要なパラメータは，逆転温度（reversal temperature）である（図 4.3）．逆転温度とは，気温-雲水量空間における衝突後に霰の極性が逆転する境界線のことである．例えば実線の Saunders et al. (2006) であれば，雲水量に関わらず −12℃ よりも高温で霰が氷晶と衝突すると霰は正（氷晶は負）になることを意味している．図 4.3 からわかる通り，実験によって電荷分離の結果は様々である．Sauders and Peck (1998) は，−10℃ を超える高温でも雲水量が少ない場合に霰が負に帯電している．このような特徴は Saunders and Peck (1998) 以外の 3 つの実験（Saunders et al., 2006；Pereyra et al., 2000；Takahashi, 1978）では見られない．その一方で Saunders and Peck (1998) 以外の 3 つの実験では，逆転温度の傾向が似ている．霰が正に帯電するのは高温である場合に加えて，低温でも有効雲水量が非常に大きい，または非常に小さい領域で霰が正に帯電する．その一方で，低温かつ有効雲水量が極端に大きくも小さくもない場合に霰が負になる．Saunders and Peck (1998) 以外の傾向が似ている 3 つの実験結果でも，霰の極性が替わる逆転温度はそれぞれの実験で少し異なる．有効雲水量が 1 g/m^3 の場合，Takahashi (1978) で逆転温度は約 −9℃ 程度であるのに対して，Saunders et al. (2006) や Pereyra et al. (2000) では逆転温度は約 −13℃ である．以上のように，着氷電荷分離の実験は論文ごとにその結果が異なっている．

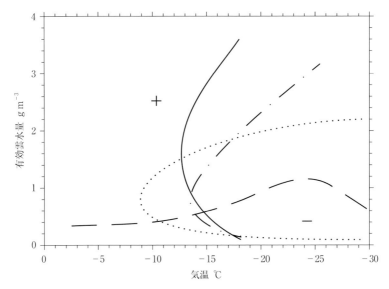

図 4.3 着氷電荷分離における逆転温度
室内実験の結果を気温-有効雲水量の空間で図示．＋(−)と書いてある領域は，氷晶との衝突後に霰が正（負）に帯電．実線：Saunders et al. (2006)，一点破線：Pereyra et al. (2000)，点線：Takahashi (1978)，破線：Saunders and Peck (1998). Saunders (2008) をもとに作成．

異なる研究者や実験施設で異なる結果が出るだけではなく，マンチェスター大学の一連の研究（図 4.3 で Takahashi (1978) 以外）でも結果が異なることは非常に興味深い．この実験結果の違いは，各論文で示された雲水量や気温以外のパラメータの違いにより発生したと推測されている（Emersic and Saunders, 2020）．つまり，気温や雲水量以外のパラメータも電荷分離の結果に影響を与えている可能性が示唆されている．例えば，電荷分離の結果は氷晶の大きさにも依存する．霰と衝突する氷晶の大きさだけが異なる 2 つの実験結果を比較すると，小さな氷晶を使った実験の方が大きな氷晶を使った実験よりも，霰が負に帯電する温度域は広い，つまりより高温でも霰は負に帯電する（Emersic and Saunders, 2010）．他にも，雲水の大きさ（Avila and Pereyra, 2000），過飽和度（Emersic and Saunders, 2020）など，雲水量や気温以外にも氷晶と霰の衝突後の電荷分離の結果は依存している．さらに上記のようなパラメータが同じであったとしても，氷晶と霰の衝突前の雲水と氷晶の混ざった

状態の生成手順（pre-conditioning）でも電荷分離の結果が異なるとの実験結果もある（Saunders et al., 2004）．異なる研究者ではもちろん，たとえ同じ研究者で同じ研究施設を使っていたとしても，雲水量と気温以外のパラメータも踏まえたうえで，実験結果を議論する必要がある．このあたりは，着氷電荷分離機構の結果を数値気象モデルに導入する際には，注意が必要な点であろう．

前述の通り，着氷電荷分離機構は雷雲内の電荷構造の形成に最も寄与しているメカニズムであると，研究者間では概ねコンセンサスは得られている．しかしながら，なぜ霰と氷晶の衝突により電荷が発生するのか，すなわち着氷電荷分離機構の物理的解釈には統一的な見解は未だない．例えばWilliams et al. (1991) では4つの着氷電荷分離の物理的解釈が紹介されている．本書ではそのうちの2つの物理的解釈について紹介する．

4.2.2 ▎温度差や水膜内の電荷移動を考慮した説明

ここでは，主にTakahashi (1978) とWilliams et al. (1991) をもとに議論を進める．まず，本項を理解する上で欠かせない，飽和水蒸気圧について述べる．飽和水蒸気圧とは「大気中に含むことのできる最大の水蒸気量を含んだ時の水蒸気圧」で，飽和水蒸気圧が大きい方が，大気はより多くの水蒸気を含むことができる．飽和水蒸気圧には，液体の水に対する飽和水蒸気圧（ρ_w）と氷に対する飽和水蒸気圧（ρ_i）の2種類が存在する．水蒸気圧が飽和水蒸気圧に達していない場合（つまり未飽和な状態）は，大気中に存在する液相の水は蒸発，固相の氷は昇華（固相から液相を経ずに気相へと変化すること．その逆の気相から固相への相変化は含まない）が発生し，水蒸気圧がそれぞれの飽和水蒸気圧に達するまで継続する．水や氷に対する飽和水蒸気圧は温度（T）の関数で，それぞれ$\rho_w(T)$, $\rho_i(T)$とする．飽和水蒸気圧は図4.4にある通り，温度が高くなれば飽和水蒸気圧も高くなる．また液体の水の飽和水蒸気圧は，同じ温度であれば氷の水蒸気圧よりも大きい（$\rho_w(T) > \rho_i(T)$）．

まず，雲水と氷晶が混在した0℃高度以上の大気を考える（図4.5）．ここでは雲水との衝突等による氷晶は加熱を考慮しないので，雲水と氷晶の温度は周囲の気温（T_a）と同じと考える．そのため，雲水表面での飽和水蒸気圧（$\rho_w(T_a)$）は氷晶表面での飽和水蒸気圧（$\rho_i(T_a)$）も大きくなり（$\rho_w(T_a) > \rho_i(T_a)$），雲

4.2 着氷電荷分離機構

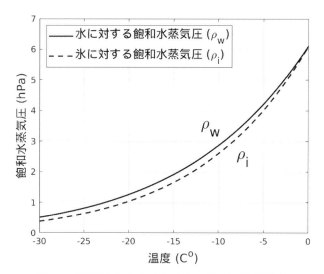

図 4.4 0℃以下の水（ρ_w）と氷（ρ_i）に対する飽和水蒸気圧
同じ温度であれば，水に対する飽和水蒸気圧の方が氷に対する飽和水蒸気圧の方が大きい．岡田（1985）で示された計算式を用いて算出．

水表面と氷晶表面の間で飽和水蒸気圧の差が生じる．雲水や氷晶からの蒸発や昇華が発生し水蒸気が放出されると，水蒸気圧はやがて $\rho_i(T_a)$ に達する（$\rho_w(T_a) > \rho_i(T_a)$ なので，水蒸気圧は先に $\rho_i(T_a)$ に達する）．この状態では雲水表面は未飽和であるため，雲水からの蒸発が続き雲水は縮小していく．その一方で，氷晶表面では飽和に達しているため凝華（昇華の逆の相変化．気体が液相を経ずに固体へ相変化すること．ここでは水蒸気から氷への相変化）が発生し成長していく．雲水と氷晶を一体として考えると，雲水表面では蒸発により大気中に水蒸気を供給する一方で，氷晶は大気中から水蒸気を受け取り成長する．この氷晶の成長過程をベルシェロン過程と呼ぶ（図 4.5）．

次に，雲水と霰が混在した大気を考える．先ほどの雲水と氷晶の場合は，雲水と氷晶の温度は周囲の気温（T_a）と同じと考えたため，雲水表面の飽和水蒸気圧は常に氷晶表面の飽和水蒸気圧よりも大きいこと（$\rho_w > \rho_i$）が成り立った．しかしながら，雲水と霰が混在している場合，霰表面ではライミングによる加熱が発生し霰の表面温度（T_g）は周囲の気温より高温となるため（$T_a < T_g$），常に $\rho_w(T_a) > \rho_i(T_g)$ が成り立つとは限らない．雲水量や気温により，霰表面

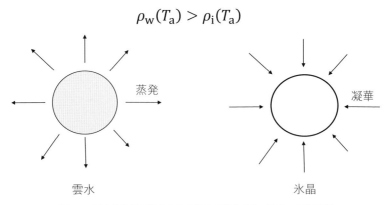

図 4.5 雲水と氷晶が混在した大気中で発生するベルシェロン過程
雲水表面では未飽和，氷晶表面では飽和となるため，雲水表面で蒸発，氷晶表面で凝華が発生する．このため，雲水は縮小する一方で氷晶は成長する．

で昇華が発生したり，またその逆に凝華が発生することもあり得るため，霰表面の物性は雲水量や気温の違いにより変化する．雲水量や気温の違いにより，霰表面は3つの状態（凝華ドライグロース（dry growth deposition：DGD），昇華ドライグロース（dry growth sublimation：DGS），蒸発ウェットグロース（wet growth evaporation：WGE））を持ち得ると考えられている（Williams *et al.*, 1991）．なお，高橋（2009）では，dry growth deposition を凝結ドライグロースと和訳しているが，本書では細谷（2013）に従い deposition を凝華と和訳し，DGD を凝華ドライグロースとしている．和訳は異なるが両者は同じ意味である．

まず雲水量が少ない DGD から考える（図 4.6(a)）．DGD は，ライミングによる霰の加熱が少なく，T_g は T_a よりも少し高い程度であり，霰表面の飽和水蒸気圧（$\rho_i(T_g)$）が雲水の飽和水蒸気圧（$\rho_w(T_a)$）よりも小さい状態を指す（$\rho_w(T_a) > \rho_i(T_g)$）．DGD では，氷晶と同様に霰表面ではベルシェロン過程により凝華が卓越して拡散成長（氷粒子表面が凝華により成長すること）する．この拡散成長により，霰表面には氷の枝が生成される．

次に DGD よりも雲水量が多い DGS を考える（図 4.6(b)）．DGS はライミングにより霰表面が加熱され，霰表面の飽和水蒸気圧（$\rho_i(T_g)$）が雲水表面の飽和水蒸気圧（$\rho_w(T_a)$）よりも大きい状態を指す（$\rho_w(T_a) < \rho_i(T_g)$）．この

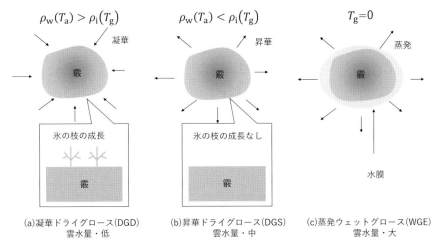

図 4.6 雲水量や気温の違いによる霰表面の取り得る状態

状態では霰表面の方が雲水表面よりも飽和水蒸気圧が高いため，水蒸気圧が $\rho_w(T_a)$ に達すると霰表面では未飽和である一方，雲水表面は飽和水蒸気圧となる．この状態では，ベルシェロン過程とは逆に，霰表面で昇華が発生し，雲水表面では凝結が発生する．つまり，霰が昇華により大気に水蒸気を供給し，雲水は大気から水蒸気を受け取り成長する．なお，霰は昇華により小さくなるが，ライミングにより絶えず雲水が供給されるため，霰全体の大きさとしては成長していく．DGS では DGD のように霰表面での拡散成長はなく，氷の枝の成長もない．DGD と DGS はともに，霰表面が氷で覆われていることは同じであるが，その表面に拡散成長による氷の枝がある（DGD）か，否か（DGS）の違いがある．

次に DGS よりもさらに雲水量が多い状態を考える（図 4.6(c)）．雲水が非常に多いとライミングによる霰の加熱が非常に大きくなり，最終的には霰表面は 0℃ に達する（$T_g=0$℃）．この状態では雲水が霰に衝突した後，雲水は霰表面で凍結することなく，液相のまま残る．このため，霰は水膜で覆われたような状態となる．つまり濡れた霰である．霰がこの状態にあることを WGE と呼ぶ．

ここまでをまとめると雲水量が増えるに従い，DGD，DGS，WGE の順に霰

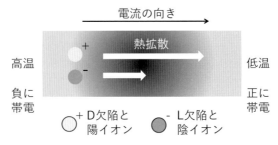

図 4.7　熱拡散による帯電
霰と氷晶の衝突により発生したD欠陥とL欠陥は，それぞれ陽イオン（H_3O^+），陰イオン（OH^-）と対をなし，熱拡散により高温側から低温側に拡散する．ただし，D欠陥と陽イオンのペアの方がL欠陥と陰イオンのペアよりも遠くまで拡散するため，結果として低温側により多くの陽イオンが移動し，低温側が正に帯電，高温側が負に帯電する．

表面は変化する．なお，気温変化も関係しており，同じ雲水量で気温が低温から高温に変化すると，DGD，DGS，WGE の順に基本的には変化する．DGD，DGS では霰表面は氷であったのに対して，WGE では霰は水膜に覆われており，霰表面の物性が大きく異なっている．

次に DGD，DGS，WGS のそれぞれで，Takahashi (1978) や高橋 (2009) で示された電荷分離の物理的解釈を述べる．DGD，DGS では，どちらも温度差による熱拡散で説明している（図 4.7）．霰と氷晶の衝突に伴い D 欠陥，L 欠陥が発生し（コラム 6 参照），これらの D 欠陥，L 欠陥はそれぞれイオン欠陥の陽イオン（H_3O^+），陰イオン（OH^-）と対になって熱拡散により高温側から低温側へ拡散する．ここで氷内部での D 欠陥と陽イオンのペアは L 欠陥と陰イオンのペアよりも移動度が大きく，遠くまで拡散する（高橋，2009）．その結果，低温側には陽イオンが相対的に多く到達し低温側が正に帯電する．その一方で，高温側には L 欠陥とペアの陰イオンがより多く残るため，高温側が負に帯電する．つまり，衝突後に高温側は負，低温側は正にそれぞれ帯電する．DGD と DGS では衝突した物質の温度差を考えれば，衝突後の霰の極性が判断できる．

まず DGD を考える（図 4.8(a)）．霰表面の氷の枝と氷晶が衝突すると，氷の枝で D 欠陥，L 欠陥が発生する．霰表面や氷の枝はベルシェロン過程などにより加熱されているため，霰の中心部分よりも高温である．このため，氷晶

4.2 着氷電荷分離機構

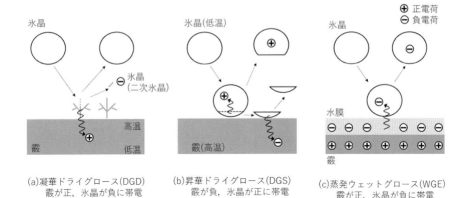

(a) 凝華ドライグロース(DGD)
霰が正,氷晶が負に帯電

(b) 昇華ドライグロース(DGS)
霰が負,氷晶が正に帯電

(c) 蒸発ウェットグロース(WGE)
霰が正,氷晶が負に帯電

図 4.8 Takahashi（1978）で示された着氷電荷分離機構の物理的解釈
波線矢印で電荷の移動を示す．Takahashi（1978）を参考にして作成．

と氷の枝の衝突により発生したD欠陥と陽イオンのペアは熱拡散によって，相対的に高温の氷の枝から低温の霰中心に向かって拡散する．その結果，霰内部は正に帯電する．その一方で，負に帯電した氷の枝は衝突により破壊され氷晶（二次氷晶）として大気中に放出される．

次に DGS を考える（図 4.8(b)）．霰表面で昇華が卓越しているため，霰表面には DGD のような氷の枝はないと考えられる．ライミングなどにより加熱されているため，霰表面は氷晶よりも高温である．そのため衝突中の氷晶では霰に近い側が高温となる．衝突により発生したD欠陥と陽イオンのペアが霰に近い側（高温）から霰から遠い側（低温）へ向かって熱拡散する（図 4.8(b) の正電荷の移動）．D欠陥と陽イオンの移動の後，氷晶は破損し霰と遠い方の氷晶片は，正に帯電して放出される．その一方，負に帯電した霰と近い方の氷晶片は，霰に負電荷を渡した後（図 4.8(b) の負電荷の移動），霰から離れる．その結果，氷晶は正，霰は負に帯電する．

最後に WGE を考える（図 4.8(c)）．WGE では，霰表面は水膜に覆われている．霰の水膜にはイオンの移動度の違いにより，水膜には陰イオンが多く存在している（高橋，2009）．ここで氷晶が衝突すると，氷晶は陰イオン（負電荷）が多い水膜をすくい取ることになる．このため，氷晶はその後負に帯電する一方で，水膜の負電荷を失った霰は正に帯電する．

Williams *et al.*（1991）は，DGS は概ね −10℃ 高度以上で霰が負に帯電する実験結果に対応すること，WGE は −10℃ 高度以下や雲水量が多い状態で霰が正に帯電する実験結果に対応することを計算機シミュレーションから示している．この物理的解釈によると実際の雷雲でおおよそ −10℃ 高度以上で霰が負になるのは DGS で示された過程であり，おおよそ −10℃ 高度以下で霰が正になるのは WGE で示された過程と考えることができる．

　以上が，Takahashi（1978），高橋（2009），Williams *et al.*（1991）で示された着氷電荷分離機構の物理的な解釈である．この説明によると，WGE では水膜に囲まれた霰は衝突後に氷晶は霰と結合せず，離れなければ電荷分離は発生しない．水膜に覆われた霰と氷晶の衝突後に，両者が本当に離れるのかは水膜の状態にも関係すると考えられ（Luque *et al.*, 2018），このあたりは議論の余地が残るところである．

4.2.3 相対拡散成長速度説

　相対拡散成長速度説（relative diffusional growth rate theory）はマンチェスター大学の研究グループが主に展開している仮説で，一言で表すと「氷粒子同士の衝突において，拡散成長速度が大きいほうが正に帯電する」という仮説である（Baker *et al.*, 1987）．拡散成長速度とは，単位時間あたりの氷表面での凝華量から昇華量を引いた量で，氷粒子が大気中から得た単位時間あたりの正味の水蒸気量の増加速度である．Dash *et al.*（2001）によると，氷粒子への水蒸気の凝華が多く発生すると，氷の表面は順序だった格子として成長せず，格子が不規則に成長すると考えられる．この不規則に成長した氷表面では陽イオン（H_3O^+）と陰イオン（OH^-）が発生する．このうち，陽イオンは氷全体に広がる一方で，陰イオンは近くの水素結合に縛られるため表面付近にとどまる．そのため，氷の表面近くは陰イオンが陽イオンより多くなり負に帯電する．拡散成長速度が大きい氷粒子の方が，より無秩序に表面で結晶成長をするため，表面近くでは陰イオン（OH^-）の濃度，すなわち負電荷濃度がより高くなる．ここで拡散成長速度の異なる2つの氷粒子が衝突することを考える（図 4.9）．衝突した2つの氷粒子には，表面付近における負電荷濃度の違いがあるので，衝突時に表面の負電荷密度が高い氷粒子（拡散成長速度・大・氷 A）から表

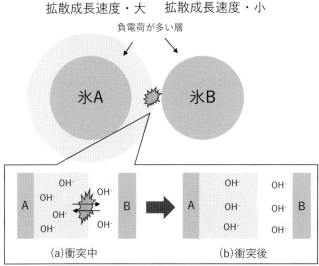

図 4.9 拡散成長速度の異なる氷粒子の衝突
拡散成長速度の大きい氷 A が OH⁻（負電荷）を失い正に帯電し，拡散成長速度の小さい氷 B は OH⁻ を受け取り負に帯電する．

面の負電荷密度が低い氷粒子（拡散成長速度・小・氷 B）に負電荷が移動する．結果，拡散成長速度の大きい氷粒子は負電荷を失うため正に帯電し，拡散成長速度の小さい氷粒子は負電荷を受け取るため負に帯電する．このように相対拡散成長速度説では，拡散成長速度の異なる氷粒子の衝突時に，氷の表面の負電荷を受け渡すことで，電荷分離を説明している．

相対拡散成長速度説において，氷の衝突時に負電荷を受け渡すメカニズムはいくつか提案されている．例えば，衝突時の運動エネルギーの一部が熱に変換され，表面の一部が融解しその液相を通して負電荷が移動する説明などがある（Dash *et al.*, 2001）．Emersic and Saunders（2020）によると相対拡散成長速度説を用いて，着氷電荷分離機構の霰の帯電を定性的に説明可能だとしている．

4.3 レナード効果を用いた説

20 世紀初頭に提唱されたレナード効果を用いた説について述べる．レナー

ド効果とは，水滴が分裂すると大きな水滴は正に帯電する一方で，小さな水滴は負に帯電する現象である（図4.10(a)）．別名滝効果ともいい，水滴の分裂が多く発生する滝の近くでは，レナード効果により負に帯電した小さな水滴が多くなる．滝近くで陰イオンが多いのはこのためである．雷雲内で水滴の分裂が発生すれば，レナード効果により正に帯電した分裂後の大きな水滴は，重いため雷雲内下部に集まり正電荷領域を形成する．一方で，分裂後の負に帯電した小さな水滴は，相対的に軽く雷雲上空に吹き上げられ，負電荷領域を形成する．レナード効果により雷雲内の電荷構造が形成されているのであれば，雷雲は上から負，正の鉛直方向に2つの電荷領域の二重極分布となる（図4.10(b)）．

英国気象台長だったシンプソンはレナード効果説を証明するために，ゾンデを用いた雷雲内の電荷構造の直接観測を実施した（Simpson and Scrase, 1937）．このゾンデ観測により雷雲内で帯電している高度は，0℃高度以上であることを示した．0℃高度以上では小さな雲水は存在するものの，分裂するような大きな水滴は，非常に強い上昇流以外の0℃高度付近を除けば基本的に存在しない．このため，水滴の分裂で電荷分離メカニズムを説明するレナード効果の雷雲電荷生成への寄与は限定的であると考えられる．一方で，彼らのゾンデ観測により上昇気流の強い領域では，上から正負正の三重極構造であることを示すことに成功した（図4.10(c)）．5.2節で述べる通り，現在でも雷雲の電荷構造は正負正の三重極であることが，第一近似として利用されている．その先鞭をつけたのが，シンプソンの大きな功績である．また彼らの観測は，0℃

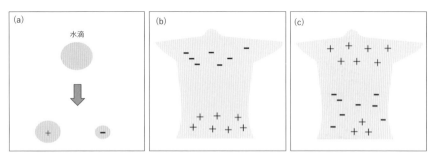

図4.10 (a) 水滴が分裂すると，分裂後大きな水滴は正，小さな水滴は負に帯電．(b) レナード効果から考えられる雷雲の電荷構造．(c) ゾンデ観測により得られた電荷構造．雷雲下部の正電荷領域に上昇気流が存在．

高度以上の液相ではない固相の霰や氷晶が，電荷分離に関連していることを示唆しており，これが後の着氷電荷分離機構へつながったと考えられる．このあたりについては，中谷（1941）に非常に詳しく記載されているので，ご興味のある方はご一読をお勧めする．

4.4 イオン対流説

イオン対流説（convective mechanism）では，積乱雲に伴う上昇気流や下降気流により電荷が輸送され，その結果として雷雲内電荷構造を説明する．イオン対流説や次に説明する分極誘導説やイオン誘導説で重要な働きをするフェアウェザー電界（fair weather とは晴天の意，つまり晴天時の電界のこと）についてまず述べる．晴天時には，地上付近には鉛直下向きに約 100 V/m の大きさの電界が存在する（図 4.11(a)）．なかなか信じにくい事実かもしれないが，晴天時には地上と 1 m の高さの間には約 100 V の電位差がある．ただし，野外で身長 170 cm の人が立っている場合に，足先と頭で 170 V/m の電位差が生じこれに起因した電流が流れるということは，人体と地表が同電位となっている（図 4.11(b)）ため起こらない（Feynman et al., 1964）．雷雲内の電荷の影響が出ない晴天時には，鉛直下向きのフェアウェザー電界が存在する．なお，このフェアウェザー電界の強さは日変化し（カーネギーカーブと呼ぶ），この変化は全球の雷活動の日変化に依存している（Harrison, 2013）．このフェアウェザー電界により，地上付近には陽イオン（正電荷）が多く存在することが知ら

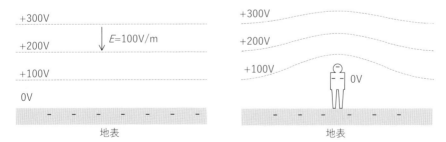

図 4.11 (a) 電離層と地表の間で形成されるフェアウェザー電界．(b) 地上に人が立った場合のフェアウェザー電界．
Feynman et al. (1964) をもとに作成．

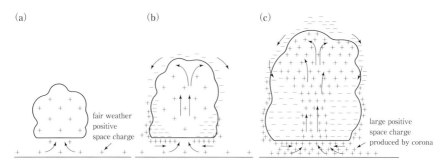

図 4.12　イオン対流説による電荷分離メカニズム
(a) 地表付近の正電荷が上昇気流により上昇．(b) 雲頂に到達した正電荷は周りの負電荷を引き寄せ，負電荷は下降気流によって雷雲下部に運ばれる．(c) 雷雲下部に運ばれた負電荷が地表からの正電荷供給を促す．MacGorman and Rust（1998）をもとに作成．

れている．つまり，大地の負電荷により大気中の正電荷が引き寄せられ，地上付近に正電荷が増加する．

　イオン対流説の基本的な考え方を図 4.12 に示す．積乱雲が発生すると，フェアウェザー電界により発生した地上付近の正電荷は，上昇気流により雷雲内部から雷雲の上部まで運ばれる（図 4.12(a)）．雲頂まで運ばれた正電荷は大気中の負電荷を引き寄せる．さらにこれらの負電荷は，雷雲の縁の下降気流によって雷雲の下部に移流し（図 4.12(b)），雷雲下部に負電荷領域を形成する．この負電荷領域は地上のコロナ放電による正電荷発生を促すため，上昇気流から積乱雲に流入する正電荷を増加させるように正のフィードバックがかかる（図 4.12(c)）．イオン対流説によると，対流の強い箇所や雷雲上部に正電荷領域，雷雲下部の上昇気流が存在しない場所には負電荷領域が形成される．このように上昇気流や下降気流など対流活動が，正電荷や負電荷を運ぶことにより雷雲内電荷構造を構成するのが，イオン対流説である．

　しかしながら，イオン対流説が実際の雷雲に与える電荷分離への寄与は限定的と考えられている．イオン対流説では，考えられているプロセスは対流だけであり，気温とは無関係に電荷分離が進む．実際の積乱雲内では，負電荷領域は場所や季節を問わず，多くが $-10°C$ 高度付近に存在していること（e.g., Krehbiel, 1989）や，雷放電は入道雲のような雲頂が非常に高く固体降水粒子が存在するときに発生し，雲頂高度が低く雲頂高度が $0°C$ 高度に達しない場合

に雷放電が観測されない，などの観測事実をイオン対流説では説明することはできない．数値シミュレーションを用いたイオン対流説の検証によると，イオン対流説による電荷分離の効果は弱く，雷放電を発生させるほどには発達しなかった（Masuelli et al., 1997）．

Moore et al.（1989）は，非常に興味深いフィールド実験を行っている．イオン対流説では最初に正電荷が地上付近から雷雲に供給され，最終的には上昇気流の強い箇所を除けば上部に正電荷領域，下部に負電荷領域が形成される．もしイオン対流説が正しければ，何らかの手法で地上から正電荷ではなく負電荷を供給すれば，雷雲内には正と負の領域が上下逆転して観測されるはずである．そこで彼らは山頂近くの渓谷にワイヤーを張り，ワイヤーに –120 kV の高電圧を加えて人為的に負電荷を地上で発生させ雷雲に供給した．しかしながら，この実験は雷雲内の電荷構造がイオン対流説により生成されるという決定的な証拠にはなっていない．

では，イオン対流説が雷雲の電荷分離に全く関与していないかというと，その点も明確ではない．Chauzy and Soula（1999）は雷活動が活発な時間帯の南フランスと米国フロリダ州の地上電界観測結果を用いて，地上から供給される電荷量の推定を行った．彼らの結果によると，雷雲の1サイクルで，数十から数百クーロンの電荷が地上付近から高度1 km まで上昇していると推定している．この電荷量は雷雲の一生の全体の電荷構造を構成するには少ないものの，雷雲下部の正電荷領域の形成には寄与している可能性はあると考えられる．

雷雲が直上に存在していると，雷雲内の電荷による強い電界により地上の先端部（鉄塔や樹木の先端など）からコロナ放電が発生し，地上から高度数百 m の上空には空間電荷（space charge）が観測される．Biagi et al.（2011）はロケット誘雷実施時の地上電界変化を観測し，この空間電荷密度を推定した．その結果によると，空間電荷密度は高度により大きく変化するが概ね数ナノクーロン/m^3 と推定している（Biagi et al., 2011）．これは雷雲内の電荷密度と同程度であることを考えると，対流によりこれらの正電荷が上昇し，下部正電荷領域の形成に関連している可能性は十分考え得る．

4.5 分極誘導説とイオン誘導説

分極誘導説 (inductive process) は，外部電界（フェアウェザー電界）が存在していることを前提とした電荷分離プロセスである．フェアウェザー電界がある状態で，大きな降水粒子（雨滴や霰など）と小さな粒子（雲水や氷晶など）の衝突を考える（図4.13）．降水粒子などの誘電体は粒子全体では電気的に中性であるものの，フェアウェザー電界により降水粒子の上部が負，下部が正の分極電荷が生じる．降水粒子は小さな粒子よりも大きく落下速度も大きいため，降水粒子から見ると小さな粒子は相対的に上昇して見える．このため降水粒子と小さな粒子との衝突は，正電荷が生じている降水粒子下部で頻発する．この衝突により降水粒子から小さな粒子へ正電荷の一部が移動し，結果として降水粒子は正電荷を失い負に帯電，小さな粒子は正に帯電する．その後，大きな降水粒子は雷雲下部に集まり負電荷領域を形成し，軽い小さな粒子は雷雲上部まで吹き上げられ雷雲上部に正電荷領域を形成する．このように事前に存在するフェアウェザー電界による分極の影響を利用して，電荷分離を説明するのが分極誘導説である．

分極誘導説の可能性を確認するために，室内実験も実施されている．これらの実験によると，分極誘導説から得られる電荷量は，非常に小さく雷雲全体の

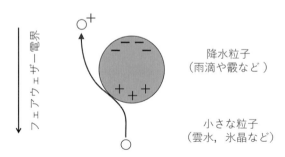

図4.13　分極誘導説

外部電界（フェアウェザー電界）により降水粒子の下部には正の分極電荷が発生する．小さな粒子が降水粒子の下部に衝突すると，小さな粒子が降水粒子の正電荷を受け取る．降水粒子が静止して見える慣性系で表示．

4.5 分極誘導説とイオン誘導説

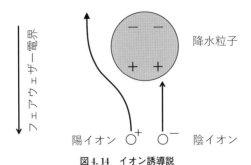

図 4.14 イオン誘導説
フェアウェザー電界により，降水粒子下部には正の分極電荷が存在している．この電荷の影響により，大気中に存在する陰イオンが降水粒子と選択的に衝突することにより，電荷分離が発生する．結果的に降水粒子は負に帯電する．降水粒子が静止して見える慣性系で表示．

電荷構造を説明することはできないと考えられている (Saunders, 2008)．これは，降水粒子と雲水の衝突で接している時間に対して，電荷移動に必要な時間が長いことが原因で，衝突の短時間では一部のみの電荷移動となり，結果として分極誘導説による電荷量は少ない．今のところ，実際の雷雲内で観測されているような霰の大きな電荷量を，分極誘導説では説明できておらず，雷雲の電荷構造形成を担う主な電荷分離プロセスではないと考えられている．しかしながら，5.3 節でも述べる通り，分極誘導説が電荷構造の一部を担っている可能性も指摘されている．

分極誘導説に似た仮説で，イオン誘導説（ion charging）がある（図 4.14）．この仮説は霧箱の発明で有名なウィルソンにより提唱された．大気中では宇宙線などにより電離が発生し，陽イオンと陰イオンが存在している．フェアウェザー電界中で降水粒子が下降すると，分極誘導説と同じく降水粒子の上側が負，下側が正の分極電荷が生じる．この降水粒子は宇宙線などにより発生した大気イオンよりも重く落下速度が速いため，降水粒子の下側でイオンとの衝突が発生する．降水粒子の下部は正の分極電荷があるため，電気的な力の影響で陽イオンよりも陰イオンの方が，降水粒子とより多く衝突すると考えられる．つまり，降水粒子は選択的に陰イオンと衝突すると考えてよい．この衝突の結果，降水粒子は負に帯電し，雷雲下部に負電荷領域を形成する．その一方で，相対

的に軽い陽イオンは衝突せず雷雲上部まで上昇し，正電荷を形成する．このように降水粒子が陰イオンと選択的に衝突することで説明するのが，イオン誘導説である．しかしながら，陰イオンと衝突し負に帯電した降水粒子は，その後陽イオンと衝突しやすくなり，負電荷を失ってしまう．このため，イオン誘導説の雷雲電荷構造への寄与は限定的と考えられている（Saunders, 2008）．

　余談であるが，基礎物理の名著として知られる *The Feynman Lectures on Physics*（邦題：ファインマン物理学）には，雷雲の電荷分離プロセスが1つだけ取り上げられており，このイオン誘導説が紹介されている（Feynman *et al.*, 1964）．前述の通り，現在主流となっている着氷電荷分離機構は Reynols *et al.* (1957) が発端である．ファインマン物理学は1960年代に出版されたことから，執筆当時（おそらく1950年代か？）はイオン誘導説が雷雲内の電荷分離を考える上で，有力な説の一つであると考えられていたのであろう．さらに余談であるが，この書籍はファインマン自身が教鞭をとったカリフォルニア工科大学のホームページで，誤植を訂正した上で無料公開されている（https://www.feynmanlectures.caltech.edu）．ご興味ある方は是非ご一読をお勧めする．本書を執筆するために筆者も一部を読んでみたが，ファインマンの物理に対する熱意が伝わってくる．今でも間違いなく名著である．

コラム6　氷の電気特性

　液体の通常の水に電気が流れることはよく知られている．これは水に存在する陽イオン，陰イオンがそれぞれ正電荷，負電荷を運ぶことにより，電流を流すことができるからである．そのため，電解質を取り除いた純水では電荷の運び手となるイオンがないため，ほとんど電気が流れない．一方で氷の電気特性はあまり知られていない．氷は電気的にはシリコンなどの半導体に似た性質を持ち電気を流す．

　氷の電気特性はその結晶構造に大きく依存している．氷の結晶は六角形の網目状構造（図C6.1(a)）が何層にも重なった状態である．ただしこの六角形の頂点にあたる酸素分子は同一平面上にはなく，交互に上下に配置している．図C6.1(b) に酸素原子を中心に氷結晶中の水分子を取り出した状態を示す．酸素原子が2つの水素原子と共有結合により結びついている．共有結合の電子は電気陰性度の高い酸素原子側に大きく引き寄せられ，水素は電子を持たないプロトンとして存在してい

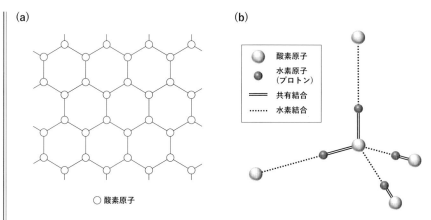

図 C6.1 氷結晶の構造
(a) 酸素原子の配置．(b) 酸素原子と水素原子の配置を立体的に表示．前野・福田（1986）をもとに作成．

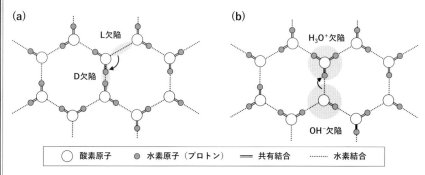

図 C6.2 (a) 配向欠陥（D 欠陥，L 欠陥）．(b) イオン欠陥（H_3O^+ 欠陥，OH^- 欠陥）
前野・福田（1986）をもとに作成．

る．また酸素原子は隣の水分子のプロトンと水素結合で結ばれている．氷の規則（あるいはバナール=ファウラーの規則）を満たした上で，酸素原子の間をプロトンが絶え間なく配置を変えることが知られている（前野・福田，1986）．氷の規則は2つあり，①1個の酸素原子の近くには2個のプロトンが存在する（水分子の完全性）②水素結合上には1個のプロトンが存在する（水素結合の完全性）．

氷の規則が氷内の全ての分子で満たされている場合，電流は流れない．しかしながら，実際の氷内では，全ての原子が規則正しく配列しているわけではなく，プロトンの配置が乱れている領域（配向欠陥・イオン欠陥）がある．これらの欠

陥は氷の規則を満たしておらず，氷内での電荷移動を担う．配向欠陥はプロトンの位置が 120°ずれたもので（図 C6.2(a)），プロトンが酸素原子間に 2 つある方を D 欠陥，プロトンが存在しない方を L 欠陥と呼ぶ（なお D と L はそれぞれドイツ語で doppelt（2 重の）と leer（空の）に由来する）．また隣の水分子にプロトンが 1 つ移動した場合をイオン欠陥と呼び，プロトンの多い方は H_3O^+ 欠陥，プロトンを失った方は OH^- 欠陥と呼ぶ（図 C6.2(b)）．配向欠陥やイオン欠陥は氷内のごく一部だけである．$-10℃$ の平衡状態にある氷で，配向欠陥は水分子 1000 万個あたりに 3 個程度，イオン欠陥はさらに少なく水分子 1 兆個あたりに 2 個程度が存在している．なお，配向欠陥やイオン欠陥の濃度は氷の温度が高い方が多くなる．温度が高ければ，不安定な状態である配向欠陥やイオン欠陥の状態を持ちやすい，と考えればよい．

氷内では，D 欠陥と H_3O^+ 欠陥（H_3O^+ イオン）は対になり正電荷を，L 欠陥と OH^- 欠陥（OH^- イオン）は対になり負電荷を，氷内でそれぞれ運ぶ（前野・福田，1986）．H_3O^+ イオンは OH^- イオンよりも移動度が大きいことが知られており，氷内の電荷移動は D 欠陥と H_3O^+ イオンのペアが運ぶ正電荷の移動が支配的である．4.2.2 項では，この D 欠陥と H_3O^+ イオンのペアが正電荷を運ぶことを用いて，電荷分離の物理的解釈を試みている．

文 献

[1] Avila, E. A. and R. G. Pereyra, 2000：Charge transfer during crystal-graupel collisions for two different cloud droplet size distributions. *Geophys. Res. Lett.*, **27**, 23, 3837-3840.
[2] Baker, B. *et al.*, 1987：The influence of diffusional growth rates on the charge transfer accompanying rebounding collisions between ice crystals and soft hailstones. *Q. J. R. Meteorol. Soc.*, **113**, 1193-1215.
[3] Biagi, C. J. *et al.*, 2011：Determination of the electric field intensity and space charge density versus height prior to triggered lightning. *J. Geophys. Res.*, **116**, D15201, doi：10.1029/2011JD015710.
[4] Chauzy, S. and S. Soula, 1999：Contribution of the ground corona ions to the convective charging mechanism. *Atmos. Res.*, **51**, 3-4, 279-300.
[5] Dash, J. G. *et al.*, 2001：Theory of charge and mass transfer in ice-ice collisions. *J. Geophys. Res.*, **106**(D17), 20395-20402.
[6] Emersic, C. and C. P. R. Saunders, 2010：Further laboratory investigations into the relative diffusional growth rate theory of thunderstorm electrification. *Atmos. Res.*, **98**, 2-4, 327-340.

[7] Emersic, C. and C. P. R. Saunders, 2020:The influence of supersaturation at low rime accretion rates on thunderstorm electrification from field-independent graupel-ice crystal collisions. *Atmos. Res.*, **242**.

[8] Feynman, R. P. *et al.*, 1964:Electricity in the atmosphere. In:*The Feynman Lectures on Physics*, 2, Addison-wesley publishing company.

[9] Harrison, R. G., 2013:The carnegie curve. *Surv. Geophys.*, **34**, 209-232.

[10] 細矢治夫，2013:「昇華」の逆は「凝華」．化学と教育，**61**，7，366-367．

[11] Jayaratne, E. R. *et al.*, 1983:Laboratory studies of the charging of soft hail during ice crystal interactions. *Quart. J. Roy. Meteor. Soc.*, **109**, 609-630.

[12] Krehbiel, P. R., 1989:Electrical structure of thunderstorms, In:*The Earth's Electrical Environment*, eds. E. P. Krider and R. G. Roble, Washington, DC, National Academy Press, 90-113.

[13] Luque, M. Y. *et al.*, 2018:Experimental measurements of charge separation under wet growth conditions. *Q. J. R. Meteorol. Soc.*, **144**, 842-847.

[14] MacGorman, D. R. and Rust, D. R., 1998:*The Electrical Nature of Thunderstorms*, New York:Oxford University Press.

[15] 前野紀一，福田正己，1986：氷の物性．雪氷の構造と物性，古今書院，81-124.

[16] Masuelli, S. *et al.*, 1997:Convective electrification of clouds:A numerical study. *J. Geophys. Res.*, **102**(D10), 11049-11059.

[17] 三隅良平，2017：雨はどのような一生を送るのか，ベレ出版．

[18] Mitzeva, R. P. *et al.*, 2005:A modelling study of the effect of cloud saturation and particle growth rates on charge transfer in thunderstorm electrification. *Atmos. Res.*, **76**, 1-4, 206-221.

[19] Moore, C. B. *et al.*, 1989:Anomalous electric fields associated with clouds growing over a source of negative space charge. *J. Geophys. Res.*, **94**(D11), 13127-13134.

[20] 中谷宇吉郎，1941：雷の話 雷の電気はどうして起るか，岩波書店．

[21] 岡田益己，1985：湿度および関係諸量の計算法．農業気象，**40**(4)，407-409．

[22] Pereyra, R. G. *et al.*, 2000:A laboratory study of graupel charging. *J. Geophys. Res.*, **105**(D16), 20803-20812.

[23] Reynolds, S. E. *et al.*, 1957:Thunderstorm charge separation. *J. Atmos. Sci.*, **14**, 426-436.

[24] Saunders, C. P. R. and S. L. Peck, 1998:Laboratory studies of the influence of the rime accretion rate on charge transfer during crystal/graupel collisions. *J. Geophys. Res.*, **103**, 13949-13956.

[25] Saunders, C. P. R. *et al.*, 2004:A laboratory study of the influence of ice crystal growth conditions on subsequent charge transfer in thunderstorm electrification.

Q. J. R. Meteorol. Soc., **130**, 1395-1406.
- [26] Saunders, C. P. R. et al., 2006: Laboratory studies of the effect of cloud conditions on graupel/crystal charge transfer in thunderstorm electrification. Q. J. R. Meteorol. Soc., **132**, 2653-2673.
- [27] Saunders, C., 2008: Charge separation mechanisms in clouds. Space Sci. Rev., **137**, 335-353.
- [28] Simpson, G. C. and F. J. Scrase, 1937: The distribution of electricity in thunderclouds. Proc. R. Soc. Lond., A161, 309-352.
- [29] Takahashi, T., 1978: Riming electrification as a charge generation mechanism in thunderstorms. J. Atmos. Sci., **35**, 1536-1548.
- [30] 高橋 劭, 2009: 電荷の分離機構. 雷の科学, 東京大学出版会, 59-78.
- [31] Williams, E. R. et al., 1991: Mixed-phase microphysics and cloud electrification. J. Atmos. Sci., **48**(19), 2195-2203.

CHAPTER 5

雷雲内電荷構造とその影響

5.1 はじめに

　雷雲内にどのように電荷が分布しているのか？　これが本章のテーマである．雷雲内の電荷分布のことを電荷構造と呼び，雷雲がどのような電荷構造を持つのかという問いは電荷分離と深く関連する研究であり，電荷分離と同じく長い研究の歴史がある．電荷構造は雷雲の発達や衰退とも関連しており，メソ気象とも関連の深い分野である．また，近年では電荷構造と発生する雷放電の特性は密接に関連することが定性的に示されており，雷放電そのものを理解するうえでも非常に重要なテーマである．4.3 節でも少し触れた通り，1930 年代に Simpson and Scrase (1937) がゾンデ観測により上から正負正の三重極構造であることを示した．その後も電荷ゾンデや電界ゾンデなどの観測に加えて，近年は三次元雷放電標定装置を用いた電荷構造の観測結果も示されており，より詳細な電荷構造が示されている．Simpson らの示した三重極構造は，現在では一次近似としては成り立つものの，実際の雷雲ではさらに複雑な電荷構造を持つと考えられている．

　5.2 節では，まず基本的な電荷構造ともいえる三重極構造について議論する．この三重極構造は前述の通り現実の電荷構造の一次近似とはいえ，その後議論する，より複雑な構造を理解するうえで役立つため，まずは三重極構造から始める．5.3 節では対流領域で見られた，四重極構造（上から負正負正）やさらに六重極構造（上から負正負正負正）などかなり複雑な電荷構造（Stolzenburg et al., 1998a, 1998b, 1998c）を紹介する．5.4 節では，層状領域における電荷構造について述べる．5.5 節では正極性落雷を発生させやすい電荷構造について述べる．5.3 節から 5.5 節では単純な三重極構造だけではなく，雷雲では複雑

な電荷構造を有することがわかる．さらに5.6節では雷雲はなぜそのような複雑な電荷構造を持ち得るのか，その成因をBruning et al. (2014) を参考に考察する．5.7節では日本海沿岸で見られる冬季雷の電荷構造について，歴史を振り返りながら最新の研究成果も紹介する．5.8節では，電荷構造と雷放電形態への影響を述べる．

5.2 三重極構造

　雷雲の基本的な電荷構造は三重極構造である．この電荷構造は雷雲上部に正電荷領域（上部正電荷領域），その下には負電荷領域が存在し，負電荷領域の下部に正電荷領域（下部正電荷領域，ポケット正電荷領域とも呼ばれる）が存在する．上部正電荷領域と負電荷領域の電荷量は数十クーロンであるのに対して，下部正電荷領域は数クーロンと考えられその電荷量は相対的に小さい．本章で示す通り，ゾンデによる直接観測や三次元雷観測の結果によると実際の雷雲ではより複雑な電荷構造が示されており，三重極構造は場合によっては単純化しすぎるという指摘もある (Bruning et al., 2014)．しかしながら，三重極構造はシンプルであり，より複雑な電荷構造を理解しやすいため，まず三重極構造について議論する．

　三重極構造は，4.2節で示した通り，着氷電荷分離機構によって概ね説明されている（図4.2）．すなわち，$-10°C$高度以上で霰と氷晶が衝突すると，霰が負，氷晶が正に帯電する．その後，正に帯電した氷晶は上昇気流により吹き上げられ雷雲上部に集まり，上部正電荷領域を形成する．また相対的に重い霰は雷雲下部に集まり，負電荷領域を形成する．一方で，$-10°C$高度以下で霰と氷晶が衝突すると霰は正，氷晶は負に帯電する．負に帯電した霰の下側に正に帯電した霰が正電荷領域を形成し，負に帯電した氷晶は上昇し負電荷領域を構成する．なお，着氷電荷分離機構以外の電荷分離機構も雷雲の電荷構造生成に影響を与えている可能性があるのは4.4節，4.5節で述べた通りである．

　図5.1(a) のような単純化した三重極構造を考える．雷雲内では各電荷領域を円筒形と仮定し，それぞれの中心は鉛直に並んでいる．各電荷領域内の電荷密度を一定とすると，電荷領域の中心を貫く鉛直上の電界と電位は図5.1(b)

5.2 三重極構造

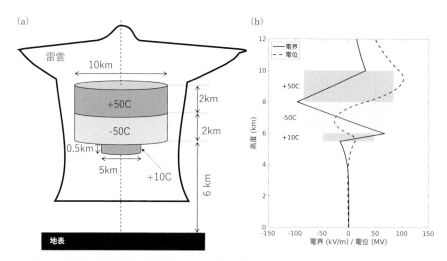

図 5.1 雷雲内の電荷領域を円柱と仮定し，鉛直方向に中心が並んでいる単純化した三重極構造
電荷量はそれぞれ上から +50 C（クーロン），−50 C，+10 C．(a) 雷雲内の電荷構造のイメージ．各電荷領域の中心高度は上から 9 km，7 km，5.75 km である．各電荷領域の電荷密度は一様分布とする．(b) 電荷領域中心における電界と電位の鉛直プロファイル（図 5.1(a) の点線上）．大地を無限遠方まで続く完全導体と仮定している．電界は正電荷が上向きの力を受ける方向を正とし，地表の電位を 0 V とする．

となる．電荷領域の中心の高度では，その電荷領域内の同符号の電荷による電界が打ち消しあうために，各電荷領域の中心高度（9 km, 7 km, 5.75 km）では電界は小さい．なお，他の電荷領域や大地に誘導された電荷の影響があるため，電荷領域の中心で電界強度は完全にはゼロにはならない．電界が極大や極小となるのは正と負の電荷領域間（高度 8 km, 6 km）である．これは電位も同様で，電荷領域の中心で，概ね極大・極小とはなるものの，完全に極大・極小にはならない．

3.2 節で議論した通り，雷放電開始のためには強い電界が必要である．電荷領域間で電界は極値となることから，雷放電が開始するのは電荷領域間である．なお，5.8 節で示す通り，三重極構造の場合では上側の正負電荷領域間（図 5.1 では高度 8 km）で雷放電が開始した場合は雲放電となることが多く，また下側の正負電荷領域間（図 5.1 では高度 6 km）で雷放電が開始した場合は負極性落雷となることが多い（5.8 節参照）．負極性落雷の場合，負電荷領域の中心付近（図 5.1 では高度 7 km）から雷放電が開始すると思うかもしれない．

しかしながら，負電荷中心付近では電界は前述の通り非常に小さく，基本的に雷放電がその高度で開始することはない．負極性落雷や雲放電は電荷領域の間で始まっていると考えられている．

ここで下部正電荷領域の役割を考えるために，下部正電荷領域が無い二重極構造を考える．この場合当然のことながら負電荷領域の下側の電界は大きくならない．図 5.1(b) で下部正電荷領域が存在する場合，負電荷領域の下側の電界（高度 6 km）の大きさは 66.9 kV/m であるのに対して，下部正電荷領域がなければ 28.2 kV/m である．このように二重極構造では負電荷領域下側の電界が強まらないため，負極性落雷は発生しにくい．実際の電界ゾンデ観測の結果でも上から正負の二重極構造の段階では雲放電のみが発生し，下部正電荷領域が観測されはじめた後に負極性落雷が観測されはじめた報告もある (Stolzenburg and Marshall, 2009)．下部正電荷領域は，電荷量そのものは他の電荷領域よりも少ないと見積もられている．しかしながら，その存在により負電荷領域の下側の電界を強める効果があり，負極性落雷を発生しやすくしていると考えられる．つまり，下部正電荷領域の存在は，雷雲下部で発生する負極性落雷発生の必要条件と考えてもよいだろう（ただし，この議論には，青天の霹靂のような雷雲上部で開始する落雷は除く（5.8.2 項参照））．

雷雲内電界の観測結果によると，電荷構造は電荷領域の水平距離に比べて鉛直距離はずっと短いことが多く (Stolzenburg and Marshall, 2009)，電荷領域は水平方向に広がった薄い形状をしている（図 5.1 でも上部電荷領域は水平方向に 10 km，鉛直方向に 2 km の薄い電荷領域を仮定している）．これは 4.2 節で述べた通り，着氷電荷分離機構が気温に大きく依存することから理解できるであろう．つまり鉛直方向には気温変化が大きく，着氷電荷分離の結果の極性が変化するのに対し，水平方向には気温変化は小さく極性の変化も少ない．また電荷構造が薄い構造をしているため，電荷領域間の強電界領域では電界の方向が鉛直方向になることが多く，次に述べる通り雷放電開始時には鉛直方向の伸展が多い．

Coleman et al. (2003) を参考にして電位とリーダ伸展の関係について考えたい．図 5.1 において上部正電荷領域と負電荷領域間（高度 8 km）で雷放電が始まった場合，負リーダは鉛直上向き，正リーダは鉛直下向きに伸展する．

負リーダはその先端に負電荷が多いため，エネルギー的に安定な電位の高い場所に向けて上昇する．最終的に電位の極大値となる高度付近（約 9.5 km）に達すると，その後は水平に伸展する．この考え方は正リーダでも同様で，正リーダは電位の低い場所でエネルギー的に安定となるため，電位の極小値付近（約 6.8 km）までほぼ鉛直下向きに伸展した後，水平方向に伸展する．このように雷放電の最初の段階では，正リーダ，負リーダともに鉛直に伸展する一方で，電荷領域の中心付近（電位の極値付近）で水平方向に伸展することが多い．この知見を活かして，雷放電の三次元標定結果から水平方向に伸展する標定点を正（負）の電荷領域として推定する手法が一般的に用いられている（e. g., Yoshida et al., 2017）．

5.3 対流領域の電荷構造

実際の積乱雲内の電荷構造観測はこれまで米国のミシシッピ大学，ハワイ大学の研究グループにより主に実施されてきた．Stolzenburg et al. (1998c) は複数の雷雲に対して放球した 49 の電界ゾンデ観測の解析から，対流領域における電荷構造の概念図を示している（図 5.2）．上昇気流領域（updraft）には上から負正負正と 4 つの電荷領域が存在している．このうち，一番上の負電荷層はスクリーニングレイヤーと呼ばれる電荷領域で，それ以外の正負正の 3 つの電荷領域が先の三重極構造に対応する電荷領域である．すなわち，updraft 領域は三重極構造の上側にスクリーニングレイヤーを付け加えた電荷構造，と考えればよい．

スクリーニングレイヤーは，成層圏や対流圏界面付近など雷雲よりも上側に存在する陰イオンが，雷雲の上部正電荷領域の電界により引き寄せられ，形成される負電荷領域である．雷雲内電荷構造による成層圏での電界を弱める方向に，スクリーニングレイヤーが形成される．これは一様電界中に導体を置くと導体内の電界がなくなるように導体表面に電荷が生じることとよく似ている．スクリーニングレイヤーと上部正電荷領域の間でも電界が強くなるため，この電荷領域間でも雲放電や NBE が発生する．NBE は継続時間が数十 μs の非常に短く，しかし放射電力の強い雷放電である．また 3.6 節で述べた通り FPB

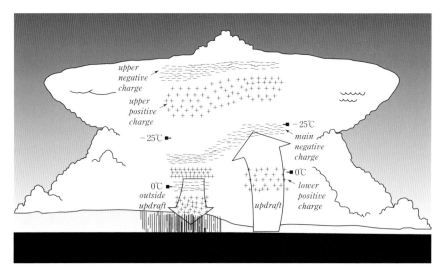

図 5.2 電界ゾンデ観測により得られた対流領域の電荷構造の概念図
updraft は上昇気流速度が 1 m/s 以上の領域,outside updraft は対流領域であるが,上昇速度が 1 m/s 以下や下降流の領域を指す.Stolzenburg et al.(1998c)を参考に作成.

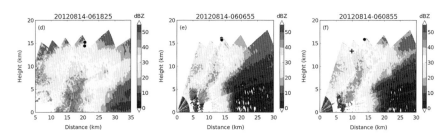

図 5.3 フェーズドアレイ気象レーダで得た雷雲のレーダ反射強度の RHI (range height indicator) と Narrow Bipolar Event (NBE) の発生地点
＋:正極性 NBE,●:負極性 NBE.エコー上端付近に観測された負極性 NBE が正電荷領域とスクリーニングレイヤー間で発生したと考えられる.RHI とは,レーダ観測において同じ方位角のデータを用いて鉛直構造を示す表示方法.Wu et al.(2013)より許可を得て掲載.

とも関連の深い放電でもある.フェーズドアレイ気象レーダとの比較により,積乱雲が非常に高高度まで成長時に,スクリーニングレイヤーと上部正電荷領域間で NBE が発生することを示している(図 5.3).

 対流領域内の上昇気流外側 (outside updraft) の電荷構造は,上昇気流内部よりもさらに複雑である(図 5.2).なお,ここで上昇気流領域とは上昇速度

が1m/s以上であることとし，対流領域内でそれよりも弱い上昇気流や下降気流を上昇気流外側，としている．上から負正負正負正と何度も極性が変わり，6つの電荷領域に分けられている．なおこの電荷構造はあくまで一例であり，電荷構造は積乱雲一つ一つで異なり，さらに同じ積乱雲でも時間によって異なる（Bruning et al., 2014）．図5.2は概念図であるため，全ての上昇気流外側の対流領域で，この電荷構造になるわけではない．この領域での電荷構造で特筆すべき点は，0℃高度以下でも複数の電荷領域が観測されている点である．0℃高度以下の低層の電荷領域は他の観測でも報告されている（MacGorman et al., 2005）．これらの電荷領域では霰と氷晶の衝突を起源とする着氷電荷分離機構による電荷分離の寄与は限定的で，分極誘導説による電荷分離の寄与も示唆されている（MacGorman et al., 2005）．

さらにこの電荷構造は数分という短い間にも変化することが知られている．雷放電三次元標定装置とフェーズドアレイ気象レーダを用いた観測により，約30分間に次々と一つの積乱雲の電荷構造が変化したことを報告している（Emersic et al., 2011）．上昇気流の強い活発な雷雲ほど，短時間のうちに電荷構造が変化すると予想され，電荷構造の解析には注意が必要である．このように実際の雷雲が時として非常に複雑な電荷構造を持つに至る．この電荷構造が複雑になる原因については5.7節で述べる．

5.4 層状領域の電荷構造

雷雲の層状領域でも雷放電は発生する．層状領域での雷放電は対流領域と比較するとその雷放電発生数は少ない（e.g., Carey et al., 2005）が，層状領域で発生する落雷には正極性落雷が多いという報告（e.g., Rutledge and MacGorman, 1988）や，水平方向の伸展距離が長い（Bruning and MacGorman, 2013）など，対流領域で発生する雷放電とは異なる特徴が報告されており，非常に興味深い．また層状領域では中和電荷量の大きな正極性落雷が発生することがあり，この正極性落雷は高高度放電発光現象の一つであるスプライト（コラム1参照）を発生させる雷放電となることもあり（Marshall et al., 2001），高高度放電発光現象を研究するうえでも非常に重要である．

電界ゾンデ観測によると，層状領域の電荷構造は複雑な構造をしており，上から負正負正負の五重極構造となるものや正負正負と変わるような四重極構造となるものも観測されている．電荷領域が水平方向に同じ極性の電荷が広範囲に分布することがあり，1つの正電荷領域で最大2万クーロンと推定された事例もある（Marshal and Rust, 1993）．層状性領域の電荷領域では水平スケールが100 kmを超えることも珍しくない．電荷領域が大きな水平スケールを持つことが，層状領域の落雷の中和電荷量が大きくなる原因の一つであろう．Stolzenburg and Marshall（2009）によると，0℃高度付近の電荷領域は正電荷が14事例，負電荷が16事例あり，0℃高度には事例により正電荷も負電荷もどちらも存在している．先に挙げた基本となる三重極構造では0℃高度付近は正電荷であり，また電荷量も小さいことを考えると層状領域での電荷構造は上昇流が存在する対流領域とは大きく異なる．

層状領域の電荷構造の形成メカニズムは，対流領域ほどには理解は進んでいない．層状領域における電荷発生の一つは，対流領域からの移流である．すなわち，対流領域で発生した正に帯電した氷晶が水平風により流され，層状領域の正電荷領域を形成する．さらにこれらの正電荷領域の上側にスクリーニングレイヤーとして負電荷領域が形成される．このように対流領域からの移流とスクリーニングレイヤーにより，負正の二重極構造は説明が可能である．しかしながら，現実には四重極構造や五重極構造も観測から知られており，対流領域からの電荷の移流だけでは説明がつかない．

層状領域での電荷発生のメカニズムとして，対流領域と同じく着氷電荷分離機構は考えられる．ただし，層状領域では上昇気流が弱く霰の量も少ないので，霰と氷晶の衝突回数は限られており着氷電荷分離機構からの寄与は対流領域よりも限定的であるだろう．電界ゾンデで示された0℃高度付近の電荷密度の高い層については，snow dipoleという考え方も提唱されている．snow dipoleは氷晶と雪が衝突することにより，氷晶が負，雪が正に帯電する電荷分離メカニズムである（Willams, 2018）．このsnow dipoleは実験室ではまだ確かめられてはいないが，雷雲の衰退期の最終盤，後述の冬季雷での観測事実からもその寄与の可能性が示されている．ただし，冬季の電荷粒子ゾンデ観測によると，雪の帯電量が少なかったことなど，snow dipoleに否定的な報告もあ

り (Takahashi et al., 2019),snow dipole がどの程度電荷構造形成に寄与しているかは不明である.

5.5 正極性落雷が多く発生する電荷構造

1.3 節でも述べたが,負極性落雷の方が正極性落雷よりも多く発生することが知られており,正極性落雷は概ね落雷全体の1割程度と考えられている (e. g., Williams, 2006).また基本的な電荷構造である上から正負正の三重極構造 (図 5.1) では,負極性落雷は正極性落雷よりも発生しやすい (なぜこの三重極構造の場合に,負極性落雷が多くなるのかは 5.8 節で示す).これらのことから,三重極構造は頻出する電荷構造であると考えてよいだろう.しかしながら,正極性落雷の比率が1割を大きく超える雷雲も時として観測されている (e. g., Brook et al., 1982).このような正極性落雷を多発する雷雲は,頻出する三重極構造とは異なった電荷構造を有すると考えられている.ここでは正極性落雷が発生する電荷構造としてよく参照されている inverted tripolar (本書では逆転三重極構造と呼ぶ),tilted dipole (本書では傾斜二重極構造と呼ぶ),層状領域における正極性落雷発生の3つについて示す.なお,ここで示したような正極性落雷の電荷構造を持たなくても,正極性落雷は発生する (Nag and Rakov, 2012).そのため,正極性落雷が発生したことだけを理由にして,ここで挙げた電荷構造の雷雲だと判断できない点は注意が必要である.

5.5.1 逆転三重極構造

上から正負正の三重極構造の電荷構造の極性を逆転させたのが逆転三重極構造で,上から負正負となった電荷構造である (図 5.4(a)).この電荷構造では正電荷領域と下部負電荷領域間で絶縁破壊が発生すると正極性落雷となることが多い (なぜこの電荷構造が正極性落雷を生じやすいのか,そのメカニズムについては 5.8.2 項を参照).この逆転三重極構造はスーパーセルのような非常に強い上昇気流を伴う雷雲で観測されている.Wiens et al. (2005) は,スーパーセルで発生した雷放電を三次元雷放電標定装置を用いて観測し,中和に寄与した電荷構造の解析を行った.このスーパーセルは flash rate (1 分あたり

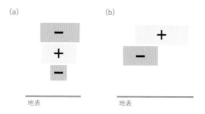

図 5.4 正極性落雷を発生させると考えられている電荷構造
(a) 逆転三重極構造. (b) 傾斜二重極構造.

の雷放電数) が 300 を超えるほど非常に雷活動が活発で，雲放電は雷放電の全体の 95% 以上を占めていた．その一方で落雷の 90% 近くが正極性落雷であった．正極性落雷が活発化した時間帯には，三次元雷放電標定装置の解析によると上から負正負の逆転三重極構造であった．正極性落雷により中和された正電荷領域の高度は 5~9 km であり，通常の正負正の三重極構造における負電荷領域の高度に対応する．過去の事例によるとこのスーパーセルのように非常に発達した雷雲において，時折逆転三重極構造が見られる (e.g., Bruning *et al.*, 2014).

5.5.2 傾斜二重極構造

傾斜二重極構造は図 5.4(b) に示す通り，上側の正電荷領域が水平方向にずれている電荷構造である．Brook *et al.* (1982) は日本海沿岸の冬季雷観測を実施し，雷雲ごとに正極性落雷発生率（正極性落雷数/全落雷数）とウィンドシアの相関 (0.95) が非常に高いことを示した．つまり，ウィンドシアが強いほど，正極性落雷の発生率が上がることを示した．ウィンドシアが非常に強いのであれば，図 5.4(b) のように上部の正電荷領域が水平的にずれることは想像できるだろう．上部の正電荷領域周辺で雷放電が開始した場合，正リーダは負電荷領域に向かわずにより大地へ向かって伸展することが多くなる可能性を指摘している．

この考え方を支持する結果も報告されている．例えば，ウィンドシアが強い状況で正極性落雷が多く観測されたとする報告が複数されている (e.g., Engholm, 1990). 北陸冬季雷の粒子ゾンデ観測結果によると，負極性落雷より

も正極性落雷の発生数が多い時間帯では，正極性落雷の落雷地点が負極性落雷の落雷地点よりも風下側にあった（Takahashi *et al.*, 2019）．これは，正に帯電した氷晶が対流領域から風下側に移流したため，結果として電荷領域の傾斜構造を形成し，正極性落雷発生数が増加したと主張している．さらに正に帯電した氷晶が下降することも何らかの関係があると指摘している．一方で，傾斜三重極分布を否定する研究結果も報告されている．雷放電データの統計的解析によると，ウィンドシアと正極性落雷には関連がみられなかった（Reap and MacGorman, 1989）．

5.5.3 層状領域における正極性落雷

層状領域でも正極性落雷が発生することが知られている．層状領域で発生する正極性落雷のメカニズムの一つとして挙げられているのが，負リーダのカットオフ（negative in-cloud leader channel cut off）による正極性落雷の発生である（Nag and Rakov, 2012）．ここでは，Lu *et al.* (2009) の観測結果をもとに，そのメカニズムを示す．この正極性落雷の発生メカニズムは少し複雑である（図5.5）．最初に対流領域で雲放電が発生し，その後負リーダが層状領域に広がる

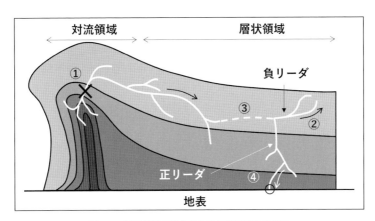

図 5.5 層状領域で発生する正極性落雷の概念図
①対流領域でリーダが発生（×印）．②負リーダが層状領域を伸展．③負リーダの一部で電流が流れなくなる（点線部．カットオフ）．④カットオフにより電気的に切断された放電路から正リーダが伸展し地面に到達．正極性落雷を引き起こす．〇印で落雷点を示す．グレースケールでレーダ反射強度の強さを示す．

正電荷領域を伸展する（図5.5①）．5.4節で述べた通り，層状領域の電荷領域は対流領域よりも水平方向に広く分布しているため，この負リーダの伸展距離・伸展時間はともに長くなることが想定される（図5.5②）．負リーダの伸展中に放電路の一部が何かの原因で電流が流れなくなること（カットオフ）が場合によっては発生する（図5.5③）．その後，カットオフで電気的に切断された放電路から正リーダが発生し正リーダが地上に到達すると，最終的に正極性落雷に至る（図5.5④）．このタイプの正極性落雷はその発生地点（最初の対流領域の×印）とリターンストローク発生地点（〇印）は大きく離れたケースも発生する．実際に三次元観測から得られた一例では，雷放電の開始点と落雷地点が50 km離れていた（Lu et al., 2009）．

5.6 様々な電荷構造が発生する原因

　ここまで積乱雲内電荷構造をいくつか述べてきた．電荷構造には対流領域と層状領域では電荷構造が異なることや，対流領域でも上昇気流内部と外部でも電荷構造が異なること，さらに一部のスーパーセルのupdraft領域では最下層の2つの電荷層が上から正負となるような逆転三重極構造も確認されている．このような複雑な電荷構造は，特に上昇気流が非常に強い場合に，より複雑になる傾向にある．上昇気流が強い雷雲では電荷構造が複雑になる原因について，本節で述べる．なお，以下の議論は主にBruning et al. (2014)を参考にしている．

　4.2節で述べた通り，実際の雷雲内の電荷構造生成には，着氷電荷分離機構が主に寄与していると考えられている．着氷電荷分離による霰の逆転温度（この気温より低温で霰は負，高温で正）は実験により異なるものの（図4.3），Takahashi (1978)によると有効雲水量が1 g/kg程度の場合，逆転温度は概ね-9°C前後であるのに対して，有効雲水量が2 g/kgでは概ね-20°Cとなる．このように雲水量に依存して逆転温度は大きく変化し，有効雲水量が1 g/kg以上であれば雲水量が多いほど逆転温度は低下する．ここで逆転温度に対応する高度を逆転高度として定義すると，雲水量が多い領域では逆転高度は高くなる．霰と氷晶が介在する着氷電荷分離機構では多くの場合，0°C高度以上で電荷分離が発生するので，0°C高度以上での雲水量を考察し，その結果上昇気流の状

5.6 様々な電荷構造が発生する原因

態により逆転高度がどのように変化するのかを議論する．

　雷雲が発生するには地上付近の空気塊が何らかの外力（山岳での滑昇，下層風の収束，地表面の加熱）などにより，自由対流高度（下層から持ち上がった気塊が周囲より高温となり浮力を得る高度）まで持ち上げられ上昇気流が発生する必要がある．空気塊内の水蒸気量が十分多いなどの条件があれば，この上昇気流により雷雲が発達する．上昇気流内では大気の断熱膨張により気温が下がるため，持ち上げられた気塊内の水蒸気はエーロゾルなどの凝結核を中心にして雲水を形成し雲水量は増加する．一方で，雲水は降水粒子との衝突・併合，エントレインメント（雷雲の外側の乾燥した空気が流入し湿潤な上昇気流の空気と混じり合うこと）に伴う雲水の蒸発などによって，上昇気流内部の雲水量は減少する．このように上昇気流内は雲水の生成や蒸発などの過程を経ながら，

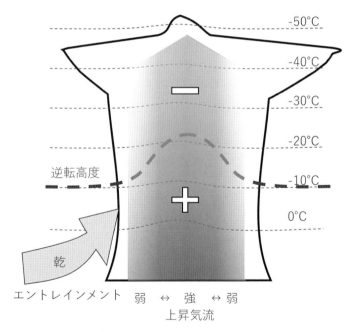

図 5.6　上昇気流中の雲水量の概念図

太い破線は逆転高度を示す．上昇気流の縁辺部では 0℃ 高度以上に到達する雲水量は少ないのに対して，コア部分では 0℃ 高度以上に達する雲水量は相対的に多くなる．グレースケールで雲水量を示す（濃：雲水量が多い，淡：雲水量が少ない）．＋と－はそれぞれ着氷電荷分離の結果，霰が帯電する極性を示す．

電荷分離が発生する0℃高度以上に雲水を供給する（図5.6）．

　上昇気流の中心と縁辺部の雲水量の違いについて考察する．上昇気流の縁辺部では，雷雲の外部に近いためよりエントレインメントの影響を受けやすい．このため，縁辺部では雲水からの蒸発が多く発生し，上昇気流内の雲水量が減少する．結果的に0℃高度以上まで運ばれる雲水量が少なくなる．一方，上昇気流のコア付近では，縁辺部と比較してエントレインメントの影響は少なく，0℃高度以上に運ばれる雲水量は相対的に多くなる．このため，同じ上昇気流内の同じ高度であってもコア部分は縁辺部と比較して雲水量が多くなることが予想される．

　また上昇気流の強さによっても雲水量は変化する．上昇気流の強い方が内部で生成した雲水は，より短時間で高高度まで運ばれるため，降水粒子との併合やエントレインメントによる蒸発などによる雲水量減少の機会が減る．このため，上昇気流は強い方が，着氷電荷分離の発生する高度で雲水量が多くなると予想できる．つまり，上昇気流が強ければ強いほど，また上昇気流のコアに近いほど，逆転高度はより高高度になると予想される．このように同じ積乱雲の上昇気流内であったとしても，場所によっては逆転高度が大きく変わる（図5.6）．

　上昇気流の特性は逆転高度を変化させるだけでなく，力学的に帯電した霰を上昇させる効果もある．実際に報告された一連のゾンデ観測の結果によると（Stolzenburg et al., 1998a, 1998b, 1998c），負電荷領域中心の気温と高度は上昇気流の強さにある程度関連していることが示されている．すなわち，負電荷領域中心の高度（気温）は，上昇気流の非常に強いスーパーセルでは高度9.12 km（-22℃），MCSの対流領域では高度6.93 km（-16℃），上昇気流の弱い雷雲では，高度6.05 km（-7℃）である．このように上昇気流が強い事例の方が，負電荷領域は高い傾向にある．前述の雲水量の違いにより逆転高度が上昇する効果に加えて，強い上昇気流は帯電した霰をより高高度まで力学的に上昇させ得ることを示しており，上昇気流の強さが電荷構造の鉛直プロファイルに与える影響も無視できない．

　上昇気流と電荷構造の関係を踏まえた上で，図3.2で見たような複雑な電荷構造がどのようにして発生するか考察する．実際の雷雲内では上昇気流の強さ

5.6 様々な電荷構造が発生する原因

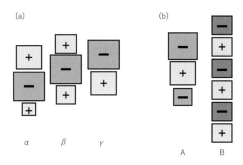

図 5.7 1つの上昇気流内で複雑な電荷構造が発生するメカニズムを示した概念図
(a) 1つの上昇気流内で3つの異なる逆転高度を持つ場合の電荷構造．異なる電荷構造の鉛直プロファイルが水平に3つ並んでいる．(b) 発生した3つの三重極分布に水平移流を考慮した場合の発生し得る電荷構造．

は一様ではないため，図 5.7(a) のような電荷構造を持つ上昇気流もあるだろう．この上昇気流では，左から右になるにつれて上昇気流が強くなり，逆転高度が徐々に高くなる状況を想定すれば図 5.7(a) のような電荷構造が発生し得る．図 5.7(a) から，スクリーニングレイヤーの発生や水平風による移流の効果も加わり，逆転三重極構造や六重極構造の電荷構造などのより複雑な電荷構造が発生することが想定できる．例えば，図 5.7(a) の β の負電荷領域の一部が γ の下部正電荷領域の下側に移流すれば，図 5.7(b) の A のような逆転三重極構造が形成される．また，図 5.7(a) の β に γ や α がそれぞれ上側，下側に移流すると図 5.7(b) の B で示されたような六重極構造も原理的には可能であろう．スーパーセルのような非常に発達した雷雲で非常に複雑な電荷構造になることが多いのも，スーパーセルでは上昇気流が非常に強く，上昇気流の強弱のコントラストが大きくなることから，場所により逆転高度が大きく異なることから理解できる．

なお，前述の上昇気流の強さの相違による影響以外にも，雷放電そのものが電荷を移動させるプロセスであるため，雷放電の発生が電荷構造をさらに複雑にすることも知られている (Coleman et al., 2003)．ただし，雷放電による電荷構造の変化は，前述の上昇気流の効果と比較すると小さいと考えられている (Bruning et al., 2014)．

5.7 冬季雷雲の電荷構造

　日本海沿岸には冬季にも雷放電が発生することが知られており，これを冬季雷と呼ぶ．歴史的には，日本海側で発生した冬季の雷放電が，夏季の雷放電とは異なる特徴を有することが1970年代に報告されて注目された．日本海沿岸で発生する冬季雷の特徴は，夏季雷と比較して正極性落雷が落雷に占める割合が多い，上向き雷放電の発生数が多い，落雷に伴い中和される電荷量が夏季と比較して多い，1つの雷雲で1回だけの雷放電が発生する事例（一発雷と呼ばれる）がある，などがある（Rakov and Uman, 2003）．なお冬季に雷放電が発生するのは日本海沿岸だけではない（コラム7参照）．

　日本海沿岸で発生する冬季雷の性質は，冬季特有の電荷構造に依存すると考えられている．一つは雷雲内の電荷領域の高度が非常に低いことである．例えば，電荷高度が低ければ雷雲電荷が地上に近くなり，地上電界は大きくなる．そのため，樹木や地上建造物の突端での電界が局所的に強まり，上向き雷放電の可能性が高くなると説明できる．実際に冬季では地上電界が非常に大きくなることが観測されている．夏季積乱雲では時折電界強度は数 kV/m に達することがあるが，概ね数百 V/m 程度である (e. g., Yamashita $et\ al.$, 2022)．一方で，冬季雷雲では 10 kV/m を大きく超える非常に強い地上電界が観測されることもある（e. g., Kitagawa and Michimoto, 1994）．また，冬季雷雲では夏季雷雲と比較して，電荷領域の水平スケールが大きいことが指摘されている．同じ極性の電荷領域が水平方向に広がっていれば，1回の雷放電で中和される電荷が多くなることが予想される．

　これらの特徴は雷放電の三次元標定結果により確かめられている．Yoshida $et\ al.$ (2019) は，夏季に北関東，冬季に山形県の日本海側で雷放電の三次元標定を行い，両者の特性を比較した．図5.8は雷放電の標定点の高度分布，気温分布を示す．ここで標定点の多くはリーダ伸展であり，リーダは多くの場合電荷領域を伸展することから，標定点の高度分布，気温分布は電荷領域を概ね反映すると考えてよい．同図より雷放電の標定点のピーク高度は，夏季雷，冬季雷でそれぞれ 7.6 km, 2.1 km であり，冬季雷の電荷構造が夏季雷よりも低高

5.7 冬季雷雲の電荷構造

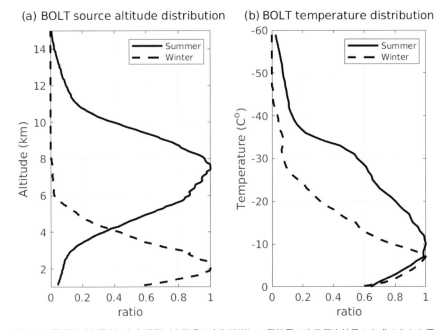

図 5.8 夏季雷（北関東）と冬季雷（山形県日本海沿岸）で雷放電三次元標定結果から求められた雷放電の標定点の頻度分布
(a) 標定点の高度分布．(b) 標定点の気温分布．夏季雷，冬季雷それぞれ，1 シーズン，2 シーズンのデータを使用している．なお，冬季雷の点線は 2016 年 11 月 3 日の観測データを除外して得た結果である．Yoshida et al. (2019) より一部変更して掲載．

度に存在していることがわかる．一方で気温分布では，夏季雷，冬季雷ともに約 -10℃でピークを持つことがわかる．季節によって電荷構造の高度は変化するものの，電荷が存在する気温は大きくは変わらない．これは，気温に大きく依存する着氷電荷分離機構が，季節を問わず雷雲の電荷構造形成に大きな役割を占めていることを示す一例である．なお，冬季雷では夏季雷と比較して，-10℃より低温域で急激に標定点が減少している．冬季雷雲は上昇気流が弱く，夏季雷雲ほどには鉛直方向には発達しないため，狭い温度領域で電荷分離が発生していると考えられる．

さらに Yoshida et al. (2019) は，夏季雷と冬季雷の雷放電の水平伸展距離を比較している（図 5.9）．同図より，冬季雷の水平伸展距離は夏季雷と比較して，平均で 2.6 倍であることを示している．冬季雷の水平伸展距離が長いこ

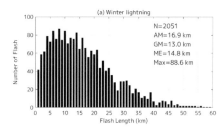 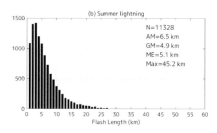

図 5.9 冬季雷（山形県日本海沿岸）と夏季雷（北関東）で雷放電三次元標定結果から求められた雷放電の水平進展距離のヒストグラム

(a) 冬季雷．(b) 夏季雷．N, AM, GM, ME, Max はそれぞれ，雷放電数，雷放電の水平距離の平均，幾何平均，中央値，最大値を示す．Yoshida et al. (2019) より許可を得て掲載．

とから，冬季雷では電荷構造の水平スケールも夏季雷よりも大きいことが予想される．これは雷放電が中和する雷雲内の水平面積に換算すると，冬季雷は統計上 5 倍以上の面積を中和することに対応している．夏季と冬季の雷雲の電荷領域における電荷密度が同程度であるとすれば，冬季雷が夏季雷と比較し中和する電荷量が多い原因の一つと考えられている．

　ここまで冬季雷雲の電荷構造について，その高度や水平スケールについて統計的な議論を進めてきたが，より詳細な電荷構造の観測結果について次に示す．Brook et al. (1982) は北陸で地上電界観測を実施し，正極性落雷，負極性落雷のそれぞれに対して，中和された電荷の高度と電荷量の推定を行った．その結果，正極性落雷により中和された正電荷の高度は負極性落雷により中和された負電荷領域の高度よりも高いことを示し，夏季の三重極構造と同様であれば，上部正電荷領域の電荷が中和されていることを示した．さらに正極性落雷の発生率とウィンドシアの強さの相関が高かったことから，正極性落雷を発生させる雷雲の電荷構造は，傾斜構造（5.5 節参照）であることを主張している．その後も冬季雷の電荷構造観測は実施されている．地上電界観測により，発達期には上から正負の二重極構造，成熟期には正負正の三重極構造を有し，その後の衰退期には正電荷が雷雲全体で卓越することが示されている（Kitagawa and Michimoto, 1994）．なお，発達期と成熟期に見られる正負正の三重極構造は，上昇気流が弱いため，負電荷領域や下部正電荷領域の霰が降水として落ちてしまい，その継続時間は 10 分以下と推定している．

5.7 冬季雷雲の電荷構造

電荷ゾンデ観測でも,冬季雷の発達期に三重極構造が確認されており,上部正電荷は正に帯電した氷晶,負電荷領域は負に帯電した霰,下部正電荷領域は正に帯電した霰が形成されていた(Takahashi et al., 1999, 2019).同様の結果が米国の冬季雷の三次元観測により得られている(Schultz et al., 2018; Caicedo et al., 2018).これらの観測された電荷構造は,基本的に着氷電荷分離機構を用いて夏季の積乱雲の電荷構造と同様の説明が可能である.すなわち,氷晶と霰が−10℃高度以上で衝突すると,霰が負,氷晶が正に帯電する.その後氷晶は上昇気流で吹き上げられ上部正電荷領域を形成する.一方で,−10℃高度以下では衝突した場合は,霰が正に,氷晶は負に帯電する.重い霰は−10℃高度以下で正電荷領域を形成し,負に帯電した氷晶は上昇し,−10℃高度以上で負に帯電した霰とともに負電荷領域を形成する.ゾンデ観測によると,冬季雷雲が三重極構造を有する場合,上部正電荷領域,負電荷領域,下部正電荷領域の気温はそれぞれ,−25℃以下,−10℃から−20℃,−10℃以上であった(Takahashi, 1999).ここまでの結果をまとめると,冬季でも夏季と同じく三重極構造になることはあるものの,上昇気流が弱いため,その継続時間は10分以下と短時間であり,前述の通りウィンドシアにより電荷構造が傾いた傾斜構造の可能性が示唆されている.

近年の三次元雷観測の詳細解析結果により,冬季雷雲の電荷構造はかなり複

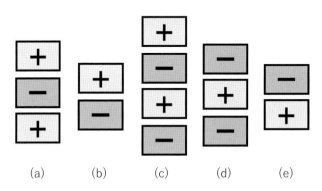

図 5.10 三次元雷放電標定装置を用いて冬季雷雲内で推定された電荷構造
上から (a) 正負正,(b) 正負,(c) 正負正負,(d) 負正負,(e) 負正.
Zheng et al. (2019) の議論をもとに簡略化して電荷構造を示す.

雑であることが示されている (Zheng et al., 2019). 岐阜大学の研究グループは，石川県の日本海側で三次元雷放電標定装置を用いた冬季雷観測を実施し，雷放電に寄与した電荷構造の推定を行った．この結果によると，通常の三重極構造（上から正負正，以下同様）に加えて，正負，正負正負，負正負，負正など，多種多様な電荷構造を持つことを示している（図5.10）．彼らの議論によると，この電荷分布の成因は上昇気流の強さやその発達段階に大きく依存する．雷雲の上昇気流が十分強く，生成した霰が $-10°C$ 高度以上に達する場合には，霰と氷晶の衝突が発生すると着氷電荷分離機構により，霰は負，氷晶は正に帯電する．その結果，図5.11(a) のような電荷分布となる．一方，上昇気流が弱い場合は，霰は $-10°C$ 高度まで持ち上げられず，$-10°C$ より高温（$-10°C$ 高度より低高度）で霰と氷晶が主に衝突する．着氷電荷分離機構により霰は正，氷晶は負に帯電し，図5.11(b) のような電荷構造となる．さらに雷雲の衰退期かもしくは層状領域と考えられる領域の電荷構造が図5.11(c) のように上から負正であることを示した．この電荷領域は雪や氷晶から形成されることから，snow dipole による電荷分離である可能性を示している（5.4節参照）．これらのプロセスにより，正負と負正の電荷構造が説明可能である．さらにこの3つの電荷分離プロセスに加えて，水平移流，降水粒子の落下，雷雲上部のスクリー

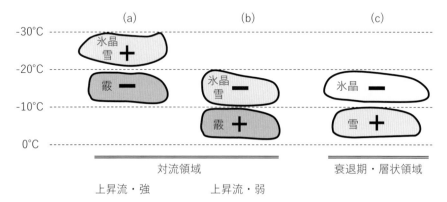

図5.11 冬季雷で推定された電荷の発生メカニズム
(a) 対流領域のうち，上昇気流が強い領域での電荷構造．正電荷領域は氷晶や雪，負電荷領域は霰で形成される．(b) 対流領域のうち，上昇気流が弱い領域での電荷構造．負電荷領域は氷晶や雪，正電荷領域は霰で形成される．(c) 層状領域で推定された電荷構造．負電荷領域は氷晶，正電荷領域は雪．雲粒子の判定は気象レーダー反射強度からの類推．Zheng et al. (2019) の議論をもとに作成．

ニングレイヤーの効果が加わることにより，図 5.10 で示した様々な電荷構造が発生すると推測している．夏季の雷雲では見られないこれらの複雑な電荷構造が，正極性落雷が多いなどの冬季雷の特殊な雷放電の特徴におそらく関係していると考えられる．

5.8 電荷構造の雷放電形態への影響

　本章ではここまで，単純化した三重極構造から始めて，雷雲内の複雑な電荷構造やその成因について議論してきた．2.7 節で述べた通り，雷放電路を決定づけるリーダは，ある程度のランダム性はあるものの，平均的には電界の方向に沿って伸展する．電界の方向を決定しているのが雷雲内電荷構造であることから，雷雲内電荷は発生する雷放電の伸展様相，すなわち雷放電形態に大きな影響を与える．ここでは研究者内で概ねコンセンサスが得られた電荷構造と雷放電の関連について示す．

5.8.1 電荷構造と雷放電の水平スケールの関係

　雷活動の活発な領域の電荷構造について考える．雷活動が活発な領域では通常上昇気流が強く，着氷電荷分離に必要な霰が大量に存在している．5.6 節で述べた通り，上昇気流の強さにより霰の逆転高度が異なるため，同じ高度でも場所が異なれば霰の極性は異なる（図 5.6）．また，上昇気流がより強ければ帯電した粒子を持ち上げる力が強いため電荷構造はさらに複雑となる．さらに対流領域では雷活動が活発であり，雷放電発生による電荷の移動の効果（Coleman et al., 2003）も考慮すると，上昇気流の内部では上昇気流が強いほど複雑な電荷構造となる．上昇気流が強い領域では細かく見ると，同じ極性の電荷領域の一つ一つがパッチ状に細かく分かれると想定される（図 5.12(a)）．

　次に層状領域について考える．層状領域では対流領域と比較し，同じ高度であれば気温や雲水量は場所によって大きく変化しないことが想定される．さらに層状領域では上昇気流が弱く，鉛直方向に電荷領域をかき混ぜる効果も小さいため，電荷領域は水平方向に同じ極性の電荷が広がっていると考えられる（図 5.12(b)）．対流領域と層状領域では「同じ極性の電荷領域一つ一つの大きさ」

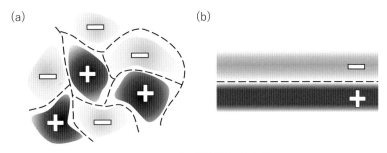

図 5.12　雷雲内の電荷構造の概念図
(a) 上昇気流が強い領域．(b) 層状領域．Bruning and MacGorman (2013) を参考に作成．

という観点から見ると，対流領域の方が小さく，層状領域では大きいというコントラストがある（Bruning and MacGorman, 2013）．

　雲放電は正電荷領域と負電荷領域を電気的につなぐ放電である．対流領域のように一つ一つの電荷領域が小さい状況で発生する雷放電の場合，その伸展距離は短いことが想定される．つまり，一つ一つの電荷領域が小さいため，少ししか伸展できないのである．また1回の雷放電で中和される電荷領域も小さいため，1回の雲放電で中和される電荷量も小さくなる．さらに1回の雷放電で雷雲内の電荷を少ししか中和できないため，flash rate（1分あたりの雷放電発生数）が大きくなると予想できる．層状領域の雷放電はこれと全く逆で，伸展距離が長く，かつ flash rate が小さくなる（Bruning and MacGorman, 2013）．

　この考え方は多くの雷放電観測結果に支持されている（というより，以下に挙げるような電波観測結果を理解するために，上記のような対流領域と層状領域の電荷構造の違いが提案されたと思われる）．Mecikalski et al. (2015) は三次元雷放電標定装置を用いた観測により，上昇気流が非常に強い雷雲（発達期から成熟期）では flash rate が上昇し，水平伸展距離の短い雲放電数が増加することを示した．その一方で，上昇気流が次第に弱まる衰退期では flash rate は減少し，水平伸展距離の大きい雷放電が増加するとしている．このように上昇気流の強さと雷放電の伸展距離は関連が強い．

　既に述べた通り，冬季雷は夏季雷と比較しその水平伸展距離が長い（図 5.9）．つまり，上昇気流の弱い冬季雷の方が上昇気流の強い夏季雷と比較して，雷放電の水平スケールが大きい．これは，上昇気流の弱い領域では雷放電の水平

スケールが大きくなることと整合的である．また，静止衛星搭載雷観測装置（Global Lightning Mapper：GLM）の観測により雷放電の面積（flash area）は，海洋上で陸上よりも大きいことがわかっている（Rudlosky et al., 2019）．海上は陸上と比較して，雷放電数が少ないこと（e. g., Christian et al., 2003），対流の非常に活発な積乱雲の発生が少ないこと（Hamada et al., 2015）から，海洋上は陸上と比較し，上昇気流が弱いと考えてよいだろう．その点を考慮すれば，海洋上で雷放電の面積が大きくなること（つまり放電距離が長くなること）はこれまでの議論に整合的である．

5.8.2 電荷構造と雷放電種別の関係

雷雲内電荷構造とそこで発生しやすい雷放電は関連がある．ここでは主に過去の論文（Krehbiel et al., 2008；Nag and Rakov, 2009；Bruning et al., 2014）を参考にして，電荷構造と発生しやすい雷放電の関係について定性的な考えを述べる．

まず，基本的な電荷構造である三重極構造を考える．本書で何度も述べている通り，雷放電の最初の絶縁破壊が発生するのは，正と負の電荷領域間の高電界領域である（図 5.13 の点 A と点 B）．ここでは上部正電荷領域，負電荷領域，下部正電荷領域でそれぞれ電荷量（クーロン）は $+Q_1$，$-Q_2$，$+Q_3$ とする．ただし $Q_1 \approx Q_2$，$Q_1, Q_2 > Q_3$ とする（Q_1, Q_2, Q_3 は全て正の値．以下同様）．点 A で雷放電が開始した場合は多くの場合で雲放電となり，点 B の場合は多くの場合で負極性落雷となる．まず点 A で雷放電が開始することを考える．この場合，上側の正電荷領域に向かって（すなわち鉛直上向きに）先端に負電荷の多い負リーダが伸展し，負電荷領域に向かって（すなわち鉛直下向き）に先端に正電荷の多い正リーダが伸展する（2.8 節参照）．負と正のリーダはそれぞれ正電荷領域と負電荷領域に到達し，両電荷領域を電気伝導度の高いプラズマで接続する．Q_1 と Q_2 が同程度の電荷量と考えているので，正電荷領域，負電荷領域で等量の電荷の中和が発生し，放電が終了する．これが雲放電である．

次に図 5.13 の点 B で最初の絶縁破壊が発生した場合を考える．点 A で発生した雲放電と同じく，正と負のリーダが伸展する．ただし，点 B では上（下）側に負（正）電荷が存在するので，正負のリーダの伸展方向は点 A で発生し

た場合と逆方向である．すなわち，正リーダが鉛直上向きに伸展，負リーダは鉛直下向きに伸展する．この後，正リーダは負電荷領域，負リーダは下部正電荷領域に到達し，双方の電荷領域を中和する．しかしながら，負電荷領域の電荷量は下部正電荷領域の電荷量よりも大きいため（$Q_2 > Q_3$），下部正電荷領域の電荷を全て中和したとしても，負電荷領域には多くの電荷が残ることとなる．この残された負電荷により正リーダの先端の電界が十分強められた場合，正リーダは負電荷領域を引き続き伸展する．正リーダが伸展を続けることにより，反対側で伸展している負リーダの先端が強められる．この作用により，負リーダの先端付近の電界が十分強ければ，正電荷がない雷雲外でも負リーダは伸展が可能となる．このように1つの双方向性リーダ（この場合は上向きに伸展する正リーダと下向きに伸展する負リーダ）で接続される電荷量に大きなアンバランスがある場合，少ないほうの電荷領域を中和したリーダ（この場合は負リーダ）は近くに電荷のない雷雲外でも伸展を続けることが可能となる（2.8

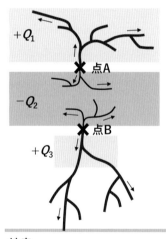

地表

図 5.13 基本的な三重極分布の電荷構造（$Q_1 \approx Q_2$, Q_1, $Q_2 > Q_3$）と発生しやすい雷放電．
点Aで発生した場合は雲放電．点Bで発生した場合は負極性落雷となることが多い．太線：負リーダ，細線：正リーダ．

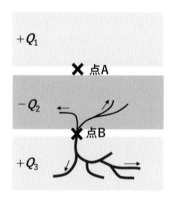

地表

図 5.14 下部正電荷領域の電荷量が非常に大きく，Q_2 と Q_3 の電荷量が同程度と仮定した場合（$Q_1 \approx Q_2 \approx Q_3$）の電荷構造と発生しやすい雷放電
点Bで雷放電が発生すると雲放電となる場合がある．太線：負リーダ，細線：正リーダ．

節参照).最終的に負リーダが地面にまで到達すると,負電荷を中和するリターンストロークが発生する.つまり,負極性落雷となる.以上のように基本的な電荷構造の三重極構造を想定すると,雲放電か負極性落雷が最も発生しやすい雷放電である.そして両者は雷放電の開始高度によって,雲放電となるか,負極性落雷となるかをある程度は判断できる.

次に三重極構造から電荷構造を少し変えた場合,どのような雷放電が発生するか検討する.まず図5.14のように上から正負正の三重極構造ではあるものの,下部の正電荷領域の電荷量が十分大きく他の電荷領域の電荷量と同程度である場合を考える $(Q_1 \approx Q_2 \approx Q_3)$.点Bで雷放電が開始した場合,負極性落雷と同じく鉛直上向きに正リーダ,鉛直下向きに負リーダが伸展し,それぞれが負電荷領域,下部正電荷領域に到達する.この後,正と負のリーダによ

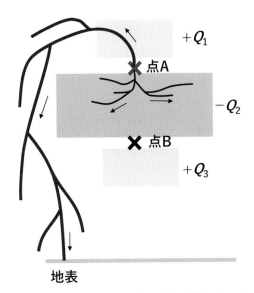

図 5.15 上部正電荷領域の電荷量が小さい場合 $(Q_1 < Q_2)$ の電荷構造と発生しやすい雷放電

点Aで雷放電が発生すると,青天の霹靂となる場合がある.なお,この図には記していないが,参考にした論文(Krehbiel *et al.*, 2008)のモデル計算では,負リーダが下向きに進展するためには,負電荷領域の左横に正電荷領域が必要であるとしている.ここでは簡単のため,割愛している.太線:負リーダ.細線:正リーダ.

り電気的に接続した正と負の電荷領域間で電荷の中和が進む．図5.13の落雷と異なるのは，負電荷領域と下部正電荷領域の電荷量が同程度と考えている点（$Q_2 \approx Q_3$）である．このため，図5.14の点Bで発生した雷放電は，同量の電荷を中和するとその後はリーダの先端の電界を強める電荷は少ないのでそこで放電は終了してしまい，雲放電となる．なお，この雲放電は図5.13で示した負電荷領域の上側で発生する雲放電とは，負リーダの鉛直の伸展方向が逆である．この2種類の雲放電を明示的に分類する場合，負リーダが鉛直上向きに伸展する雲放電（図5.13の点Aで発生）は多数を占める雲放電であることから，normal IC，負リーダが鉛直下向きに伸展する雲放電（図5.14）を負リーダが逆方向（つまり下向き）に進むことから inverted IC と呼ぶ．しかしながら何が normal な雲放電か，という定義が難しいことから，前者を+IC，後者を−IC と呼ぶべきだと提案する研究者もいる（Bruning *et al.*, 2014）．この

図5.16 青天の霹靂の例
高高度（アンビルの少し下あたり）から負リーダが出てきて，落雷に至っている（音羽電機工業株式会社提供）．

inverted IC（−IC）は雷雲下部で発生することがあり，肉眼で放電路を詳細に見ることができる場合がある．

次に図5.15のように上部の正電荷が小さい場合を考える（$Q_1 < Q_2$）．この電荷構造において点Aで雷放電が開始した場合，これまでと同様に鉛直上向きに負リーダ，鉛直下向きに正リーダが双方向性リーダとして伸展する．その後それぞれが，上部正電荷領域，負電荷領域に到達し両者を中和する．ここでリーダにより電気的に接続された正と負の電荷領域の電荷量はアンバランスがあるため（$Q_1 < Q_2$），負電荷領域には負電荷が残される．このため図5.13の負極性落雷と同じく，正リーダが負電荷領域を伸展することにより，負リーダは雷雲外に出ても伸展を続けることができる．この負リーダが雲外で水平に伸展した後，鉛直下向きに進み大地まで到達すると，負極性落雷となる．図5.13で示した通常の負極性落雷では，負リーダが雷雲外に出るのは雷雲下部であり，落雷地点は雷雲の下または雷雲近くである．一方で，図5.15の負極性落雷は，雷雲上部の側面から負リーダが出てきて雷雲から離れた場所（20 km以上の場合も）に落雷することがある．このため，落雷地点近くに立っている人にとっては，頭上は晴れているのにもかかわらず，近くに落雷するために非常に危険な落雷である．特にこのような落雷を，青天の霹靂（bolt-from-the-blue）と呼ぶ．なお，日本語では青天の霹靂（雷放電のこと）はめったに起こらないことの例えとしても使われる．青天の霹靂の写真を図5.16に示す．雷雲の側面から負リーダが出ていることがよくわかる．

青天の霹靂の例（図5.15）では負リーダが水平に伸展した後鉛直下向きに伸展し，落雷に至った．一方，同様の電荷構造で負リーダが鉛直上向きに進み上部正電荷領域を中和した後，その後も継続して鉛直上向きに進む場合がある（図5.17）．最終的にこの負リーダが電離層まで到達することがあり，巨大ジェット（gigantic jet）となる（図5.18）．巨大ジェットはスプライト（sprite）やブルージェット（blue jet）と同じく，雷雲上部と電離層間で発生する高高度放電発光現象の一つである（コラム1参照）．巨大ジェットは電離層と雷雲内電荷領域間を電気伝導度の高いプラズマでつなげるため，雷雲内の電荷を電離層に流す．このように考えると，落雷における地表の役割を電離層に変えると両者はよく似ている．100クーロンを超える雷雲内の電荷量を電離層まで流

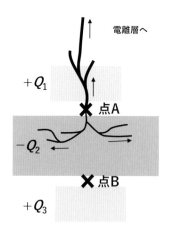

図 5.17　図 5.15 と同じく上部正電荷領域の電荷量が小さい場合 ($Q_1 < Q_2$)
点 A で雷放電が発生し，負リーダが上部の正電荷領域を突き抜けて上昇する．その後，電離層まで到達した場合に巨大ジェットとなる．太線：負リーダ，細線：正リーダ．

図 5.18　ハワイで観測された巨大ジェット
写真の右側の雷雲上部から上向きに進む放電が巨大ジェットである．ウェブサイト（https://www.gemini.edu/gallery/images/iotw2108a）より一部抜粋して掲載．（International Gemini Observatory/NOIRLab/NSF/AURA/A. Smith（Licensed under CC BY 4.0 DEED））（口絵 7 参照）．

した巨大ジェットも観測されており，巨大ジェットで連続電流に相当するような現象も観測されている．

　最後に米国のスーパーセルなどの非常に発達した雷雲で時折観測されている，逆転三重極構造を考える（$Q_1 \approx Q_2$, Q_1, $Q_2 > Q_3$）（図 5.19）．下層の負電荷（Q_3）はその上の正電荷（Q_2）や負電荷（Q_1）よりも電荷量が少ない．点 B で放電が始まった場合，鉛直下向きに正リーダ，上向きに負リーダがそれぞれ伸展する．その後，正リーダが下層の負電荷全てを中和しても，まだ正電荷領域に正電荷が残っているため（$Q_2 > Q_3$），負極性リーダは伸展を続ける．このため下向きに進んでいる正リーダは伸展を続けることが可能で，やがて地面に到達すると正極性落雷となる．正極性落雷をもたらす電荷構造として逆転三重極構造を示した（5.5 節）が，その理由はここにある通りである．

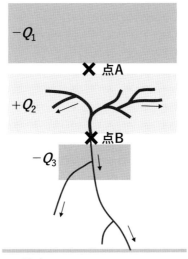

図 5.19 逆転三重極分布の場合（$Q_1 \approx Q_2$, Q_1, $Q_2 > Q_3$）
点 B で雷放電が発生し，正リーダが地上に向かって進展し，地上まで達すると正極性落雷となる．太線：負リーダ．細線：正リーダ．

　本節で示した描像は，電荷構造と雷放電の開始位置から予想される雷放電である．もちろんリーダ伸展にはランダム性もあるので必ずこのようになるとは限らない点は注意が必要である．また，逆は必ずしも正しいとは限らない．例えば，正極性落雷が発生したからといって，図 5.19 のように必ず逆転三重極構造となるわけではない．例えば北陸の冬季雷では，正極性落雷を引き起こした親雲の電荷構造は，傾斜二重極構造や正電荷のみが存在するモノポールだとする観測結果もある．

コラム 7　冬季雷の世界分布

　日本海沿岸の冬季の雷活動が夏季の雷活動とは大きく異なる特徴（正極性落雷の割合が多い，上向き雷放電が多いなど）を有することが知られたのは 1970 年代である．それ以降，日本海沿岸の冬季の雷活動は精力的に研究が進められたため，冬季の雷活動といえば日本海沿岸が代表的であった．有名な雷放電の教科書（Rakov

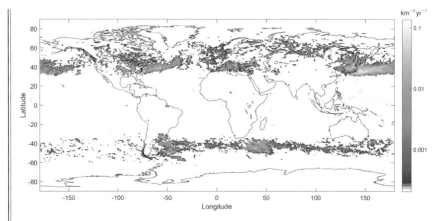

図 C7.1　WWLLN で観測された冬季のリターンストローク数の分布
Montanyà *et al.* より一部改変して掲載. © Montanyà *et al.* (2016)（Licensed under CC BY 3.0）
（口絵 8 参照）.

and Uman, 2003）でも,"Winter lightning in Japan" と銘打った独立した章を設けて日本の冬季雷の解説があり,当時は冬季の雷活動といえば日本海沿岸という認識が研究者内ではあったと考えられる.

ではこの冬季の雷活動は日本海沿岸だけの限られた地域の現象なのだろうか. 図 C7.1 は World Wide Lightning Location Network（WWLLN）のデータを用いて,冬季に発生したリターンストロークの分布を表示している. WWLLN は VLF 帯の雷放電二次元標定装置で,全球の雷放電（主にリターンストローク）の観測が可能である. 日本海沿岸だけでなく,北米の東側,北大西洋西岸,北欧からイギリス周辺,地中海とその沿岸,北太平洋,南米の南東海上,アフリカの南東海上,オーストラリアの南東海上でも雷活動が確認できる. 冬季に雷活動が観測される多くの地域の共通の特徴は暖流の存在である（Montanyà *et al.*, 2016）. 例えば,日本海沿岸は千島暖流,北太平洋には黒潮が流れている. これらの暖流の上空に寒気が入った時におそらく雷活動が活発になると考えられている. 図 C7.1 で示した冬季の雷活動が前述の日本海沿岸で知られているような特異な特徴を持っているかどうかは,これからの観測結果が待たれる.

コラム 8　スーパーボルト

電磁放射の非常に強い雷放電をスーパーボルト（super bolt）と呼ぶ. もともとは 1970 年代の光学観測で観測された,雷放電に伴う光の強度が平均の 100 倍以上

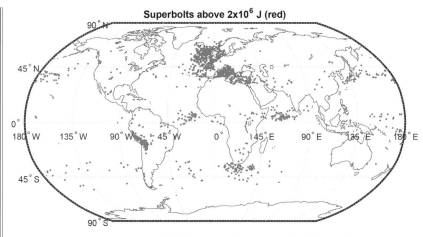

図 C8.1　WWLLN で観測された 2 MJ を超えるスーパーボルトの分布
© Holzworth *et al.* (2019) (Licensed under CC BY 4.0 DEED).

強い雷放電のことをいう (Turman, 1977). このスーパーボルトはどのような特徴を持っているのだろうか？　最近の WWLLN の観測結果からその実態が徐々に明らかにされている. WWLLN で観測されたリターンストロークの放射電波のエネルギーの平均（約 1 kJ）から 1000 倍以上強い落雷（1 MJ）をスーパーボルトと定義して, そのスーパーボルトの特徴が最近報告された (Holzworth *et al.*, 2019).

図 C8.1 がスーパーボルト（平均の放射電力の 2000 倍を超える事例）の標定位置である. 全雷放電の分布は図 C3.1 で見た通り, 雷雲の世界三大「煙突」と呼ばれる南北アメリカ大陸, アフリカ大陸, 東南アジアの低緯度地域で多くの雷放電が発生している. その一方で, スーパーボルトは「煙突」地域ではほとんど観測されておらず, 大半は地中海から北欧にかけてとチリ, 日本から北太平洋で観測されている. スーパーボルトの分布は全球の雷放電分布（図 C3.1）よりも, 冬季雷の分布（図 C7.1）の方が似ている. また, 多くのスーパーボルトが 11 月から 2 月の北半球の冬季に観測されていると報告している. これまでの結果から推察すると, スーパーボルトは冬季雷に似ているという印象である.

文　献

[1] Brook, M. *et al.*, 1982：The electrical structure of the hokuriku winter thunderstorms. *J. Geophys. Res.*, **87**(C2), 1207-1215.

[2] Bruning, E.C. *et al.*, 2014：Continuous variability in thunderstorm primary

electrification and an evaluation of inverted-polarity terminology, *Atmos. Res.*, **135-136**, 274-284.
[3] Bruning, E. C. and D. R. MacGorman, 2013: Theory and observations of controls on lightning flash size spectra. *J. Atmos. Sci.*, **70**, 4012-4029.
[4] Caicedo, J. A. *et al.*, 2018: Lightning evolution in two north central Florida summer multicell storms and three winter/spring frontal storms. *J. Geophs. Res. Atmos.*, **123**(2), 1155-1178.
[5] Carey, L. D. *et al.*, 2005: Lightning location relative to storm structure in a leading-line, trailing-stratiform mesoscale convective system. *J. Geophys. Res.*, **110**, D03105, doi: 10.1029/2003JD004371.
[6] Christian, H. J. *et al.*, 2003: Global frequency and distribution of lightning as observed from space by the optical transient detector. *J. Geophys. Res.*, **108**(D1), 4005, doi: 10.1029/2002JD002347.
[7] Coleman, L. M. *et al.*, 2003: Effects of charge and electrostatic potential on lightning propagation. *J. Geophys. Res.*, **108**, 4298, doi: 10.1029/2002JD002718.
[8] Dwyer, J. R. and M. A. Uman, 2014: The physics of lightning. *Physics Reports*, **534**, 147-241.
[9] Emersic, C. *et al.*, 2011: Lightning activity in a hail-producing storm observed with phased-array radar. *Mon. Weather Rev.*, **139**, 1809-1825.
[10] Engholm, C. D. *et al.*, 1990: Meteorological and electrical conditions associated with positive cloud-to-ground lightning. *Mon. Wea. Rev.*, **118**, 470-487.
[11] Hale. L. C, 1984: Middle atmosphere electrical structure, dynamics and coupling. *Advances in Space Research*, **4**, 175-186.
[12] Hamada, A. *et al.*, 2015: Weak linkage between the heaviest rainfall and tallest storms. *Nat. Commun.*, **6**, 6213.
[13] Holzworth, R. H. *et al.*, 2019: Global distribution of superbolts. *J. Geophys. Res. Atmos.*, **124**, 9996-10005.
[14] Kitagawa, N. and K. Michimoto, 1994: Meteorological and electrical aspects of winter thunderclouds. *J. Geophys. Res.*, **99**(D5), 10713-10721.
[15] Krehbiel, P. *et al.*, 2008: Upward electrical discharges from thunderstorms. *Nature Geosci.*, **1**, 233-237.
[16] Lu, G. *et al.*, 2009: Charge transfer and in-cloud structure of large-charge-moment positive lightning strokes in a mesoscale convective system. *Geophys. Res. Lett.*, **36**, L15805, doi: 10.1029/2009GL038880.
[17] MacGorman, D. R. *et al.*, 2005: The electrical structure of two supercell storms during STEPS. *Mon. Wea. Rev.*, **133**, 2583-2607.

[18] Marshall, T. C. and W. D. Rust, 1993: Two types of vertical electrical structures in stratiform precipitation regions of mesoscale convective systems. *Bull. Amer. Meteor. Soc.*, **74**, 2159-2170.

[19] Marshall, T. C. et al., 2001: Positive charge in the stratiform cloud of a mesoscale convective system. *J. Geophys. Res.*, **106**(D1), 1157-1163.

[20] Mecikalski, R. M. et al., 2015: Radar and lightning observations of deep moist convection across Northern Alabama during DC3: 21 May 2012. *Mon. Wea. Rev.*, **143**, 2774-2794.

[21] Montanyà, J. et al., 2016: Global distribution of winter lightning: a threat to wind turbines and aircraft. *NHESS*, **16**, 1465-1472.

[22] Nag, A. and V. A. Rakov, 2009: Some inferences on the role of lower positive charge region in facilitating different types of lightning. *Geophys. Res. Lett.*, **36**, L05815, doi: 10.1029/2008GL036783.

[23] Nag, A. and V. A. Rakov, 2012: Positive lightning: An overview, new observations, and inferences. *J. Geophys. Res.*, **117**, D08109, doi: 10.1029/2012JD017545.

[24] Rakov, V. A. and M. A. Uman, 2003: Winter lightning in Japan. In: *Lightning Physics and Effects*, Cambridge University press, 308-320.

[25] Reap, R. M. and D. R. MacGorman, 1989: Cloud-to-ground lightning: Climatological characteristics and relationships to model fields, radar observations, and severe local storms. *Mon. Wea. Rev.*, **117**(3), 518-535.

[26] Rudlosky, S. D. et al., 2019: Initial geostationary lightning mapper observations. *Geophys. Res. Lett.*, **46**, 1097-1104.

[27] Rutledge, S. A. and D. R. MacGorman, 1988: Cloud-to-ground lightning activity in the 10-11 June 1985 mesoscale convective system observed during the Oklahoma-Kansas PRE-STORM Project. *Mon. Wea. Rev.*, **116**, 1393-1408.

[28] Schultz, C. J. et al., 2018: Characteristics of lightning within electrified snowfall events using lightning mapping arrays. *J. Geophys. Res. Atmos.*, **123**(4), 2347-2367.

[29] Simpson, G. C. and F. J. Scrase, 1937: The distribution of electricity in thunderclouds. *Proc. R. Soc. Lond. A*, **161**, 309-352.

[30] Stolzenburg, M. et al., 1998a: Electrical structure in thunderstorm convective regions: 1. Mesoscale convective systems. *J. Geophys. Res.*, **103**(D12), 14059-14078.

[31] Stolzenburg, M. et al., 1998b: Electrical structure in thunderstorm convective regions: 2. Isolated storms. *J. Geophys. Res.*, **103**(D12), 14079-14096.

[32] Stolzenburg, M. et al., 1998c: Electrical structure in thunderstorm convective regions: 3. Synthesis. *J. Geophys. Res.*, **103**(D12), 14097-14108.

[33] Stolzenburg, M. and T. C. Marshall, 2009: Electric field and charge structure in

lighting-producing clouds. In: *Lightning: Principles, Instruments and Applications: Review of Modern Lightning Research*, eds, H. D. Betz, U. Schumann, P. Laroche, Springer, 57-82.

[34] Takahashi, T., 1978: Riming electrification as a charge generation mechanism in thunderstorms. *J. Atmos. Sci.*, **35**, 1536-1548.

[35] Takahashi, T. *et al.*, 1999: Charges on graupel and snow crystals and the electrical structure of winter thunderstorms. *J. Atmos. Sci.*, **56**(11), 1561-1578.

[36] Takahashi, T. *et al.*, 2019: Microphysical structure and lightning initiation in Hokuriku winter clouds. *J. Geophys. Res. Atmos.*, **124**, 13156-13181.

[37] Turman, B. N., 1977: Detection of lightning superbolts. *J. Geophys. Res.*, **82**(18), 2566-2568.

[38] Wiens, K. C. *et al.*, 2005: The 29 June 2000 supercell observed during STEPS. Part II: Lightning and charge structure. *J. Atmos. Sci.*, **62**, 4151-4177.

[39] Williams, E. R., 2006: Problems in lightning physics—the role of polarity asymmetry. *Plasma Sources Sci. Technol.*, 15 S91, doi: 10.1088/0963-0252/15/2/S12.

[40] Williams, E., 2018: Lightning activity in winter storms: A meteorological and cloud microphysical perspective. *IEEJ Transactions on Power and Energy*, **138**(5), 364-373.

[41] Wu, T. *et al.*, 2013: Spatial relationship between lightning narrow bipolar events and parent thunderstorms as revealed by phased array radar. *Geophys. Res. Lett.*, **40**, doi: 10.1002/grl.50112.

[42] Yamashita K. *et al.*, 2022: A new electric field mill network to estimate temporal variation of simplified charge model in an isolated thundercloud. *Sensors*, **22**(5), 1884.

[43] Yoshida S. *et al.*, 2017: Relationship between thunderstorm electrification and storm kinetics revealed by phased array weather radar. *J. Geophys. Res. Atmos.*, **122**, 3821-3836.

[44] Yoshida, S. *et al.*, 2019: Three dimensional radio images of winter lightning in Japan and characteristics of associated charge structure. *IEEJ Trans. Elec Electron Eng.*, **14**(2), 175-184.

[45] Zheng, D. *et al.*, 2019: Regions indicated by LMA lightning flashes in Hokuriku's winter thunderstorms. *J. Geophys. Res. Atmos.*, **124**, 7179-7206.

CHAPTER 6
雷活動とメソ気象

6.1 はじめに

　4.2 節で述べた通り，雷雲の電荷分離機構として最も有力な説である着氷電荷分離機構では，霰の存在を前提としている．霰が大量に発生する雷雲では発生する電荷量が増加するため，雷活動が活発になるであろう．一方で，霰が大量にある雷雲では強い上昇気流が発生していることが想定され，大雨や降雹など自然災害の発生する可能性が高い．このように雷雲内部の霰や上昇気流と，雷活動は密接な関係にある．本章では雷活動と雷雲に伴う災害に関連するトピックとして，6.2 節では lightning jump，6.3 節では lightning bubble，6.4 節では lightning hole をそれぞれ取り上げる．これらの研究は雷放電観測データを用いた自然災害予測につながる分野であり，雷観測データの利活用に関する研究としても重要な分野である．これらの 3 つの現象は定性的にはある程度納得のいく説明がされていると感じている．またこの情報は既に一部ではあるものの，業務に活かされ始めており，今後利活用がさらに進むことが期待される．

6.2 lightning jump

　前述の通り，雷雲内の上昇気流の強さと雷活動は大きく関連している一方で，上昇気流と積乱雲に関連した自然災害（大雨，降雹，突風）も関連が深い（図 6.1）．例えば，強い上昇気流内で大量の霰が発生し，その霰が落下することにより，地上で降雹をもたらす．この落下中に霰が融けた場合は，地上には局地的な短時間の大雨が発生する．また，落下中の霰は周りの大気を引きずり下ろ

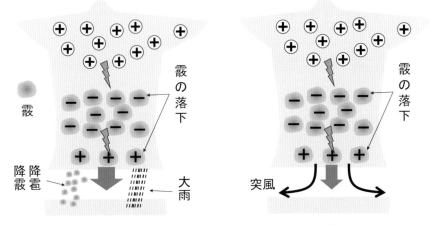

図6.1 雷放電と他の気象災害（大雨，突風，降雹）の関連

し，さらには霰が融解・蒸発した場合には周りの大気から熱を奪い冷却するため下降流が強化される．この局所的に強い下降流が地面まで到達すると，地上付近で突風が放射状に広がるダウンバースト（小型のものはマイクロバーストと呼ぶ）が発生する．上昇気流が強ければ強いほど，このような自然災害は発生しやすく，夏季の積乱雲では降雹・突風・大雨による被害に加えて，落雷も同時期に発生することが多い．

　減災の立場から興味深いのは，雷活動の活発化は他の降雹などの自然災害発生よりも先に発生するのだろうか．また先に発生するのであれば，どのくらいのリードタイムが取れるのだろうか，といった点である．先行して雷活動が活発化するのであれば，雷活動のピーク後に自然災害が発生するため，雷放電の活発化に続く自然災害の短期予報が出せると期待できる．雷活動の活発さを表す指標として flash rate が用いられることが多い（e.g., Nishihashi et al., 2015）．この flash rate の時系列変化に対して，大雨などの自然災害はどのタイミングで発生するかが大きなポイントとなる．なお flash rate は CG flash rate（落雷（CG）の flash rate）や total flash rate（雲放電と落雷を合わせた雷放電の flash rate）がよく使われる．flash rate と災害の関係は古くは60年代から研究が進められている（e.g., Vonnegut, 1960）．Williams et al.（1999）は米国フロリダ州での観測結果から，flash rate が急上昇した5分後に大雨，

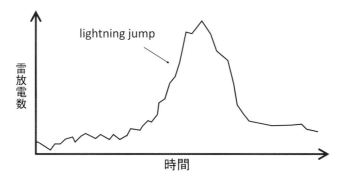

図 6.2　lightning jump の概念図
雷放電の発生数が短時間で急上昇することを lightning jump と呼ぶ．

11 分後に竜巻があったことを示した．この flash rate が数分から十数分で急上昇する現象を lightning jump と呼ぶことが一般的である（図 6.2）．

　国内でも lightning jump の観測例は報告されている．2012 年 5 月 6 日に栃木県と茨城県で発生した竜巻の事例では，竜巻を伴う 3 つの雷雲セルが観測されている（Kobayashi and Yamaji, 2013）．この 3 つのうち 2 つを含む 4 つの雷雲セル（Cell A, C, D, E）について CG flash rate の時系列が報告されている（図 6.3）．Cell A では，竜巻発生の約 20 分前に lightning jump と見られる CG flash rate の急上昇が観測されている．その後，CG flash rate が徐々に減少し，竜巻発生に至っている．なお，同論文で示された別の竜巻を引き起こした Cell C では，Cell A のように明確な CG flash rate のピークは見られなかった．さらに同日に観測された雷活動の活発な Cell D, E では，Cell A で見られたような CG flash rate の急上昇は見られなかった．2013 年 9 月に埼玉県で発生した竜巻において，気象庁の雷監視システム LIDEN を用いて lightning jump が検出されている（Nishihashi et al., 2015）（図 6.4）．この事例では F2 スケールの竜巻が 14:00 から 14:30 に観測されており，lightning jump と見られる CG flash rate の急上昇が竜巻発生の直前に確認できる．一方で，total flash rate は竜巻発生のおよそ 15 分前から急上昇が 3 回見られる．CG flash rate も total flash rate もどちらも竜巻発生後は，多少の増減をしながら 10 分ほどは高い値を保ち，その後減少している．2012 年と 2013 年の竜巻事例の lightning jump を比較すると，その様相は異なる．2012 年の竜巻事例（Cell A）

CHAPTER 6 雷活動とメソ気象

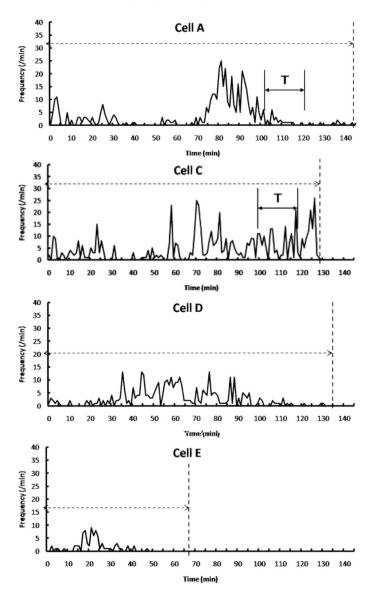

図 6.3 2012 年 5 月 6 日の Japanese Lightning Detection Network（JLDN）で観測された雷雲セル毎の落雷の flash rate
Cell A, Cell C は竜巻を引き起こした親雲である．Cell D, Cell E では竜巻は発生していない．Cell A と Cell C に"T"で示した時間帯が竜巻の発生時間帯．©Kobayashi and Yamaji（2013）（Licensed under CC BY 4.0 DEED）

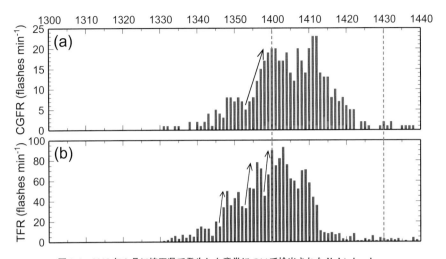

図 6.4 2013 年 9 月に埼玉県で発生した竜巻について検出された lightning jump
(a) CG の flash rate，(b) total flash rate (IC＋CG)．観測には気象庁の雷観測装置 LIDEN を利用．竜巻の発生した時間帯は 14：00 JST．許可を得て Nishihashi *et al.* (2015) から一部抜粋して転載．

では CG flash rate は竜巻発生約 20 分前にピークに達しその後減少するのに対して，2013 年の竜巻事例では竜巻発生の直前で CG flash rate がピークとなっている．また 2012 年の事例の Cell C のように，そもそも明瞭な CG flash rate の上昇を示さない例もある．このように lightning jump の特徴は事例で異なる．

雷放電観測から lightning jump の情報を抽出し，その情報を現地の予報業務に活用する試みが進められている．このために重要なのが，どのようなルールに則って lightning jump を判定するのか？ということである．つまり，flash rate の時系列データを見て，「この上昇が lightning jump と考えられる」，と事後的に判定することは容易なことが多い．しかしながら，lightning jump の定義がなければリアルタイムでその判断を下すのは非常に難しい．さらに，lightning jump の特徴も前述の通り事例により異なるので，その点を勘案した lightning jump の検出アルゴリズム開発が必要である．

いくつかのアルゴリズムが提案されている (e.g., Schultz *et al.*, 2009)．例えば，Schultz *et al.* (2011) では直近の 12 分間で flash rate が大きく上昇した場合に lightning jump として定義し，45 分間のアラートを発出する．三次元雷標定装置で得られた雷放電の観測データから total flash rate を算出し，彼

らのアルゴリズムを適用して気象災害（竜巻，降雹，突風）を予測した場合，probability of detection（POD）と false alarm rate（FAR）はそれぞれ79%と36%であった．なお，彼らの解析によると，この POD と FAR は CG flash rate を用いるよりも優れていた．つまり，落雷だけでなく雲放電も加味した上で lightning jump を定義した方が，気象災害の予測指標として優れていたと報告している．

　lightning jump は米国海洋大気庁（NOAA）によりプロダクトとして作成されている．NOAA は雷放電の観測結果（Earth Network's Total Lightning Network：ENTLN）から lightning jump を検出し，水平解像度 0.01°，時間解像度 2 分のプロダクトを作成している（2023 年 12 月現在）．さらに lightning jump の情報は米国の National Weather Service の予報官が，竜巻などの自然災害予測の一指標として利用することもあるようだ（Goss, 2020）．彼らは地上観測や衛星観測から得られる lightning jump の発生を上昇気流が強まっている指標として利用しており，気象レーダ観測などと組み合わせて竜巻などのアラートを発表している．lightning jump が発生すれば必ずその後に気象災害が発生するとは限らないものの，lightning jump の情報は予報官にとっては有益で，彼らがより良い判断を下すために活かされている．

　lightning jump に関して少し注意点がある．lightning jump は雷放電の増加と大雨などを関連づける考え方であるが，その逆は正しいとは限らない．つまり，降水が多い事例で雷放電数が必ず多いとは限らない．例えば，Takahashi et al.（2015）では国内の豪雨事例において，降水量と雷放電数を比較した．降水量が大きいが，雷放電数が極端に少ない事例を示している．さらに，Hamada et al.（2015）は Tropical Rainfall Measuring Mission（TRMM）の解析により，大雨を伴う事例は必ずしも強い対流を伴う積乱雲ではないことを統計的に示している．このことからも降水が多い積乱雲で必ずしも雷活動が活発であるとはいえない．

6.3　lightning bubble

　活発な積乱雲内の雷放電を三次元雷放電標定装置で観測し，その標定点を時

間-高度断面でプロットした場合，雷雲上部の標定点が数分から10分程度の短時間で上昇する現象(lighting bubble)が知られている(surgeともいう)．図6.5にlightning bubbleの模式図を示す．典型的なlightning bubbleの継続時間は5分，上昇速度は10 m/sから20 m/s，上昇する距離は5 km以上である(Moroda *et al.*, 2022)．この現象は遅くとも1980年前後から報告されており (Lhermitte and Krehbiel, 1979；Lhermitte and Williams, 1985)，後にlightning bubbleと呼ばれるようになった．

Ushio *et al.* (2003) は三次元雷放電標定装置で得られたVHF放射源の高度情報を並べたときに，雷放電の上側の標定点が数分の短時間で上昇することを示した．彼らは208例のlightning bubbleを観測し，その上昇速度は多くの事例で11〜17 m/sであることを示した．lightning bubbleの上昇速度と実際の上昇気流の速度との比較は実施していないものの，彼らはこのlightning bubbleは上部の正電荷領域が上昇気流により持ち上げられたと推定している．Emersic *et al.* (2011) はlightning bubbleの発生時に，フェーズドアレイ気象レーダを用いてレーダ反射強度の強い領域が上昇することを示した．

日本国内でもlightning bubbleは観測されている．Yoshida *et al.* (2017) は大阪平野で発生した積乱雲に対して，三次元雷標定装置の標定結果から放射源

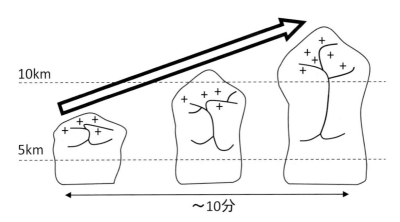

図6.5 lightning bubble の概念図
10分以下の短時間で上部の正電荷領域が上昇．それに伴い上部正電荷を中和する雲放電の発生高度も上昇．Ushio *et al.* (2003) を参考に作成．

を正電荷領域と負電荷領域に分類し，雷雲が典型的な三重極分布を示した．このうち，雷雲上部の正電荷領域がおよそ6分間にわたり上昇していることを示し，これが lightning bubble に対応することを示した．さらに，lightning bubble の上昇速度とフェーズドアレイ気象レーダで得た反射強度の上昇速度の比較を行った．その結果によると，lightning bubble の上昇速度がおよそ 7 m/s であるのに対して，25〜40 dBZ の上昇速度を 1 dB ごとに算出し，7.4〜12.2 m/s であることを示した（図 6.6）．lightning bubble の上昇速度はレーダ反射強度の上昇速度に近いことから，内部の上昇気流により雷雲上部の正電荷領域が上昇したと推定している．Moroda *et al.* (2022) はフェーズドアレイ気象レーダ観測と三次元標定装置観測を用いて，1時間継続する雷雨事例

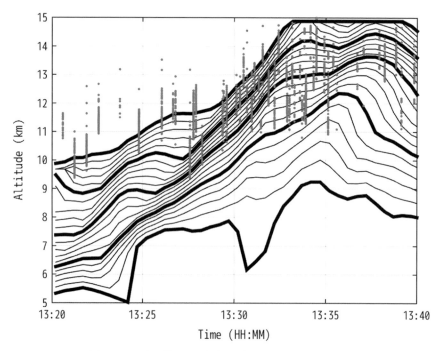

図 6.6 2015年7月30日で発生した大阪平野の雷雲の観測結果

三次元雷標定装置から得た上部正電荷（·）とフェーズドアレイレーダで観測された雷雲の反射強度の時間高度断面．25 dBZ から 45 dBZ まで 1 dBZ ごとにプロット．13:29〜13:35 の間に上部正電荷（·）とレーダ反射強度の上昇が見られる．これが lightning bubble と考えられる．許可を得て Yoshida *et al.* (2017) から転載．

に対して，9回の lightning bubble を観測し，その継続時間が平均で3.9分であったと報告している．さらに upward reflectivity pulse（URP）を定義し，URP の上端の上昇速度と lightning bubble の上昇速度の比較を行なった．ここで URP とは，高度8 km 以上の鉛直方向に伸びた強いレーダ反射強度（40~55 dBZ）の領域である．9事例中5の事例で URP の上昇速度と lightning bubble の上昇速度は同程度であったとしている．

これまでの観測結果をまとめると，lightning bubble による放射源の上昇は，レーダ反射強度の上昇とある程度相関が高い．Ushio *et al.*（2003）で述べられた通り，雷雲上部の正電荷領域が局所的な上昇気流により短時間で持ち上げられた結果ではないか，という印象を持っている．積乱雲内部の電荷構造を正負正の三重極分布と仮定すると，着氷電荷分離機構によれば上部正電荷領域の多くは氷晶などの比較的軽い雲粒子である一方，負電荷領域は霰などの大きな重い降水粒子が多い．このため上部正電荷領域に存在している正に帯電した氷晶は，上昇気流により雷雲上部に容易に吹き上げられ，上昇気流の発達とともに上部正電荷領域の上昇を観測することができる．

lightning bubble を予報業務に利用したという報告は，筆者の知る限り存在しない．lightning bubble は気象レーダでは捉えにくい局所的な上昇気流を検出できる可能性があることから，今後気象業務への利用が進むかもしれない．

6.4 lightning hole

前節で述べた通り，雷雲内に強い上昇気流があれば lightning bubble を観測できる場合がある．では，積乱雲内の上昇気流がスーパーセルのように極めて強い場合はどうなるだろうか？　もちろん lightning bubble が観測されることもあるが，その上昇気流部分が lightning hole として観測される場合もある．lightning hole とはその周りでは雷放電が多発しているが，lightning hole 内では雷放電が発生しない場所である．雷放電三次元標定装置で得られた雷放電の標定点を数十秒から数分間分をプロットすると，標定点のない（または極端に少ない）領域として lightning hole は観測される．その大きさは数 km 程度で，継続時間は数分から20分程度の観測例が多いようである．

Krehbiel et al.（2000）はスーパーセルに伴い発生した雷放電を三次元標定装置で観測し，1分間の標定点を水平面状にプロットした．スーパーセルの南側に標定点が少ない直径5 km程度の「穴」があり，これがlightning holeの存在を指摘した最初の例である．VHF放射源はリーダが伸展した場所を示している．雷雲内でリーダが伸展する多くの場所は，雷雲内の電荷が存在する領域に対応する．このため，lightning holeは，「周囲には電荷が存在するものの，その内部では電荷が存在しない局所領域」と言い換えることができる．なお，この事例のlightning hole付近では，対流圏海面近く（高度15～16 km）の高高度に少数のVHF放射源が標定されている．そのため，lightning hole付近では対流圏界面まで達するような非常に強い上昇流が存在していたと推定している．

lightning holeはKrehbiel et al.（2000）の報告後，米国を中心に報告されている．例えば，MacGormanらは竜巻を発生させたスーパーセルの上昇気流の強い領域付近にlightning holeが観測されたことを報告している（e.g., MacGorman et al., 2008）．多くの事例は竜巻が発生するような非常に強いスーパーセルで観測されている．一方で，竜巻が発生しない積乱雲（非スーパーセル）内の上昇気流が強い領域にlightning holeが観測された例もある（Emersic et al., 2011）．ここからlightning holeは，必ずしも竜巻やスーパーセルとは関連はないものの，上昇気流が非常に強い積乱雲で発生する傾向にあるようだ．

lightning holeはbounded weak echo regions（BWER）と発生時期や発生場所が似ていることが多いことから，BWERと関連が深い現象と考えられている．ここでBWERとは，非常に活発な積乱雲で時折見られる領域で，気象レーダでは鉛直方向に伸びたレーダ反射強度の弱い領域として観測される（教会の丸天井に似た形状からvaultとも呼ばれる）．BWERの上側や周囲は非常に強いレーダ反射強度を有する．積乱雲内の上昇気流で発生した雲粒は，過冷却水滴などの併合などを通して，雨滴や霰へと成長していく．上昇気流が強い場所では大きな雨滴や霰が生成され，大きなレーダ反射強度として観測される．しかしながら，この上昇気流が極めて強い場合，上昇気流内の雲粒は短時間で上層へ運ばれるため，雲粒は大きくは成長できない．気象レーダは基本的にmmからcmオーダの雨滴や霰を観測対象としているため，それよりも小

6.4 lightning hole

さな雨滴や雲粒は気象レーダでは観測できない，または弱いレーダ反射強度として観測される．このレーダ反射強度の弱い領域がBWERである．BWERでは着氷電荷分離に必要な霰や氷晶の数が限られるため，それらの衝突回数も少なく，結果として電荷分離は不活発で電荷領域は形成されない．このため，この領域では雷放電のリーダが観測されることは少なくなり，三次元雷観測装置の標定結果で見ると，標定点が存在しない穴のように見える．複数のlightning hole解析結果によると，全ての事例でlightning holeとその近傍では上昇気流が20 m/sを超えたとする報告もあり（Kozlowski and Carey,

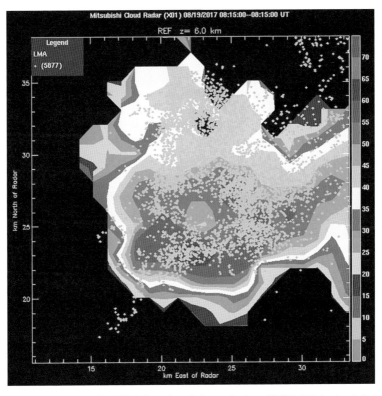

図6.7 三次元雷放電標定装置（LMA）によるスーパーセルで発生したlightning hole
気象レーダから得た高度6 kmの反射強度にTokyo LMAで得た雷放電標定点をプロット（エメラルドグリーンのドット）．中央付近に雷放電標定点が少ない空間（lightning hole）が存在する（防災科学技術研究所・櫻井南海子主任研究員提供）（口絵9参照）．

2014)，lightning hole の発生には少なくともこの程度の強さの上昇気流が必要であると思われる．

　国内でも観測事例はある．2017 年の夏季に関東で発生したスーパーセルに伴う lightning hole が，防災科学技術研究所の研究グループにより報告されている（図 6.7）．この事例では，図中央あたりに直径約 3 km の lightning hole とみられる三次元標定装置の放射源の少ない領域があり，レーダ反射強度が比較的弱い箇所に対応している．筆者の知る限り，本事例が日本国内で初めて lightning hole が報告された事例である．lightning hole が国内では米国に比べて国内での報告事例が少ないのは，スーパーセルのような BWER を伴う非常に強い積乱雲が国内では米国ほど多く発生しないことに加えて，三次元雷放電観測がそれほど行なわれていないことも挙げられる．今後，三次元雷放電観測が日本国内で広がっていけば，lightning hole の観測例は増加し，国内での lightning hole の特性が今後明らかになるであろう．

コラム 9　気候変動と雷活動　増える北極圏での雷活動

　地球温暖化により海面が上昇するだけでなく，気象も大きく変化することが知られている．温暖化により，台風が強大化する，短時間豪雨が多発するなど，気象の激甚化の可能性も指摘されている．では温暖化により将来的に雷活動は増加するのか減少するのか？　研究者の見解は割れている．ある予測では，北米で落雷が温暖化により増加すると指摘されている一方で，温暖化により 21 世紀には雷活動が減少するという報告もある．ここでは近年の北極圏の気になる WWLLN の雷観測結果を紹介する（Holzworth et al., 2021）．

　図 C9.1(a) は 2010 年から 2020 年までの 11 年間の夏季（6 月～8 月）で北緯 75°以上に観測されたリターンストロークである．多くの雷放電がロシア側で発生しており，北欧でも少しあるが，グリーンランド（20°W～60°W）ではほとんど観測されていない．また，北極点付近（北極点から 100 km 以内）にも落雷が発生している．北極圏（北緯 65°）の夏季リターンストローク数を年毎にカウントしたのが，図 C9.1(b) である．報告によると，同図の通り，雷放電数はこの 11 年間で大きく増加している．また 2010 年から 2020 年までの地球平均気温も上昇しており，北極圏のリターンストローク数と地球平均気温と相関（$R = 0.802$）が高い．これだけの結果だけから北極圏の雷活動の増加の原因が地球温暖化と判断することは

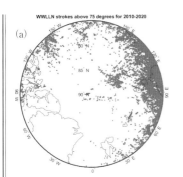
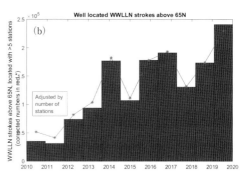

図 C9.1　WWLLN で観測された 2010 年から 2020 年までの 6 月〜8 月に観測されたリターンストローク
（a）北緯 75° 以上での分布．（b）北緯 65° 以上の年毎のリターンストーク数．棒グラフは観測数を示し，＊は検知局数で補正したリターンストローク数．©Holzworth et al.（2021）（Licensed under CC BY 4.0 DEED）．

できないが，今後も北極圏の雷活動は注目したい．

文　献

[1] Emersic, C. et al., 2011：Lightning activity in a hail-producing storm observed with phased-array radar. *Mon. Weather Rev.*, **139**, 1809-1825, doi：10.1175/2010MWR3574.1.

[2] Goss, H., 2020：Lightning research flashes forward, *Eos*, **101**, doi：10.1029/2020EO142805. Published on 24 April 2020.

[3] Hamada, A. et al., 2015：Weak linkage between the heaviest rainfall and tallest storms. *Nat. Commun.*, **6**, 6213.

[4] Holzworth, R.H. et al., 2021：Lightning in the Arctic, *Geophys. Res. Lett.*, **48**, e2020GL091366.

[5] Kobayashi, F. and M. Yamaji, 2013：Cloud-to-ground lightning features of tornadic storms occurred in Kanto, Japan, on May 6, 2012. *J. Disaster Res.*, **8**, 6, 1071-1077.

[6] Kozlowski, D and L.D. Carey, 2014：An analysis of lightning holes in Northern Alabama severe storms using a lightning mapping array and dual-polarization radar. *23rd International Lightning Detection Conference & 5th International Lightning Meteorology Conference.*

[7] Krehbiel, P.R. et al., 2000：GPS-based mapping system reveals lightning inside storms. *Eos Trans. AGU*, **81**(3), 21-25, doi：10.1029/00EO00014.

[8] Lhermitte, R.M. and E.R. Williams, 1985：Thunderstorm electrification：A case study. *J. Geophys. Res.*, **90**, 6071-6078.

[9] Lhermitte, R. M. and P. Krehbiel, 1979：Doppler radar and radio observations of thunderstorms. *IEEE Trans. Geosci. Electron.*, **17**, 162-171.
[10] MacGorman, D. R. *et al.*, 2008：TELEX The Thunderstorm Electrification and Lightning Experiment. *Bull. Amer. Meteor. Soc.*, **89**, 997-1014.
[11] Moroda, Y. *et al.*, 2022：Lightning bubbles caused by upward reflectivity pulses above precipitation cores of a thundercloud. *SOLA*, **18**, 110-115.
[12] Nishihashi, M. *et al.*, 2015：Characteristics of lightning jumps associated with a tornadic supercell on 2 September 2013. *SOLA*, **11**, 18-22.
[13] NOAA, https：//vlab.noaa.gov/web/wdtd/-/lightning-jump, accessed on Dec. 26 2023.
[14] Schultz, C. J. *et al.*, 2009：Preliminary development and evaluation of lightning jump algorithms for the real-time detection of severe weather. *J. Appl. Meteor. Climatol.*, **48**, 2543-2563.
[15] Schultz, C. J. *et al.*, 2011：Lightning and severe weather：A comparison between total and cloud-to-ground lightning trends. *Wea. Forecasting*, **26**, 744-755.
[16] Takahashi, T. *et al.*, 2015：Different precipitation mechanisms produce heavy rain with and without lightning in Japan. *J. Meteor. Soc. Japan*, **93**, 2, 245-263.
[17] Ushio, T. *et al.*, 2003：Vertical development of lightning activity observed by the LDAR system：Lightning bubbles. *J. Appl. Meteor.*, **42**, 165-174.
[18] Vonnegut, B., 1960：Electrical theory of tornadoes. *J. Geophys. Res.*, **65**(1), 203-212, doi：10.1029/JZ065i001p00203.
[19] Williams, E. *et al.*, 1999：The behavior of total lightning activity in severe Florida thunderstorms. *Atmos. Res.*, **51**, 3-4, 245-265.
[20] Yoshida, S. *et al.*, 2017：Relationship between thunderstorm electrification and storm kinetics revealed by phased array weather radar. *J. Geophys. Res. Atmos.*, **122**, 3821-3836.

CHAPTER 7
誘雷と火山雷

7.1 はじめに

　本章では，誘雷と火山雷について紹介する．誘雷とは，雷放電が発生しそうな雷雲に対して，人為的な行為（ロケットを打ち込むなど）により，雷放電の発生を促す技術である．この技術は落放電を事前に安全な場所に誘導し，雷雲内の電荷を減じることができるため，将来的に安全に資する技術となる可能性があるだろう．また，誘雷により決まった場所に雷放電を発生させるため，雷放電の研究業界には今や欠かせないツールとなっている．7.2 節では，地上から小型ロケットを雷雲に打ち込み雷放電を発生させるロケット誘雷（rocket-triggered lightning）と，レーザ光を用いて雷放電を発生させるレーザ誘雷（laser-guided lightning）について紹介する．誘雷は，雷放電研究への貢献度が高いことから，その注目度はますます高くなることが予想される．特にレーザ誘雷は過去の日本国内での成功に加えて近年は海外での成功もあったことから，その注目度は高い．誘雷は冬季雷のような電荷高度の低い雷雲にも有効であることから，国内でも今後注目するべき基盤技術といってよいだろう．

　7.3 節では火山雷について述べる．火山雷は，火山噴火に伴い発生する雷放電である．火山噴火により多量の噴石や噴煙が発生し，それらの相互作用により電荷分離が発生する．この電荷分離の結果，雷放電が発生する．火山雷には大きく分けて 3 種類ある．火口付近で発生する vent discharge や near-vent lightning に加えて，噴煙内で発生する plume lightning がある．後述する通り，一般的に火山雷として写真撮影されている雷放電の多くは near-vent lightning である．これらの火山雷の特徴とその成因について述べる．さらに 2022 年 1 月にトンガ沖で発生した海底火山噴火より発生した火山雷が最近注目されてお

り，それについても簡単に述べる．火山雷監視を用いた火山噴火の規模の推定，遠隔地にある火山噴火の監視などへの応用も考えられることから，今後この分野は火山研究の上でも重視されることも考えられる．

7.2 誘　　雷

7.2.1 ロケット誘雷

ロケット誘雷は地上から小型ロケットを雷雲に向けて発射し，ロケットにより雷放電を発生させる技術である（図7.1）．数十cmから1m程度の小型ロケットを地上から200〜300m程度まで打ち上げる．打ち上げられたロケットの先端では雷雲電荷により電界が強まり，先端からリーダが雷雲に向けて発生することから始まるのが，ロケット誘雷である．ロケット誘雷には2種類ある．ロケットの下に導体のワイヤーをつなげているが，そのワイヤーが地上まで達し地表に接地されている場合を classical trigger，ワイヤーが地上まで達しない場合（つまり，途中から絶縁体であるナイロンの紐などに替えて，ロケットと

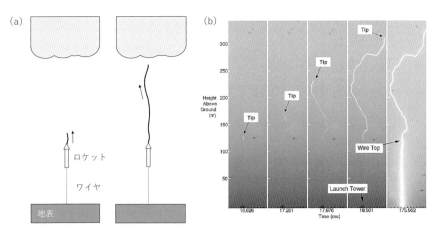

図 7.1　ロケット誘雷

(a) ロケット誘雷の模式図．（左）地上から小型ロケットを打ち上げる．ロケットが高度数百 m に達するとロケットから上向きリーダが発生．（右）上向きリーダが雷雲電荷領域に向けて進展．その後の過程は概ね上向き雷放電（図1.16）に同じ．(b) ロケット誘雷開始時の高速ビデオカメラ画像．ワイヤーの先端から上向きリーダが上昇していく様子がわかる．Launch tower はロケット発射台があるタワー．許可を得て Yoshida et al. (2010) から転載．

ワイヤーは電気的に浮いている状態）を altitude trigger という．多くのロケット誘雷は classical trigger のようだ．ここでは classical trigger について述べる．

ロケット誘雷のイメージは，非常に高い避雷針が短時間だけ存在して，その先端から上向き雷放電が発生すると考えればそれに近い．ただし，正確には避雷針とは少し違い，同じ高さの避雷針よりも雷放電が発生する可能性は高いと考えられる．外部電界により上昇するロケットの先端で電荷が生じると，ロケット先端に逆極性の大気イオンが引き寄せられ，この効果によりロケット先端の電界が弱まる．このため大気イオンの移動があれば，ロケット先端でリーダが発生しにくくなる．通常，ロケット誘雷では成功率を上げるため，ロケットを大気イオンが追随できないような高速（概ね 100 m/s 以上）で打ち上げる．このような高速で打ち上げられたロケットには，大気イオンによる電界抑制の影響が少ない．つまり，ロケット先端に大気イオンが近づいて電界抑制が発生する前に，ロケットは上昇するため，大気イオンによる電界抑制の影響が少ない．結果的にロケット先端の電界強度は効果的に高められ，ロケット誘雷の成功率を上げることができる．これがロケット誘雷と避雷針の違いである（避雷針は当然のことながら動かないので，先端部では大気イオンの引き寄せにより，電界強度が抑制されている）．

ロケットの先端から上向きのリーダが発生すると（図 7.1(a))，その後の放

図 7.2 (a) 近畿大学のロケット誘雷施設．(b) ロケット誘雷用のロケット．長さはおよそ 50 cm．
（近畿大学森本健志教授・高柳裕次特任研究員提供）．

電プロセスは基本的には上向き雷放電と大きく変わらない（図 1.16(a) 参照）．ただし，ロケット誘雷では導体の細いワイヤーを使っているため，写真撮影をするとワイヤー上に放電路が形成され，地面付近の放電路は直線になる．図 7.1(b) はロケットから上向きに正リーダが伸展する高速ビデオカメラ画像である（Yoshida et al., 2010）．この画像では，高度約 130 m まで直線の放電路が確認できるが，これがワイヤーを通った放電路である．また導体のワイヤーとして銅を用いた場合，ロケット誘雷の電流によりワイヤーの銅は蒸発する．この銅の蒸発によって，放電路の一部は自然雷（誘雷ではない雷雲で発生する通常の雷放電のこと）では見られない，非常に綺麗な緑の発光を伴う（吉田，2022）．ご興味がある人は一度確認してほしい．図 7.2 に近畿大学のロケット誘雷設備を参考に示す．図 7.2(a) のロケット発射台（rocket launcher）に図 7.2(b) のロケットを装着し，雷雲めがけてこのロケットを発射する．

7.2.2 フロリダ大学のロケット誘雷

1967 年に米国の研究グループによって世界初のロケット誘雷実験が成功した．その後，米国，フランス，中国，日本で精力的に進められてきた．国内では近年，近畿大学を中心とした研究グループが，ロケット誘雷実験に成功している．フロリダ大学が実施しているロケット誘雷実験は特に多くの成果を上げており，世界的にもその成果は注目されている．これまでフロリダ大学のロケット誘雷実験に日本の研究者も参加し，多くの成果を上げている．筆者もその一人で，研究者として駆け出しの頃，フロリダ大学に客員研究員として滞在し，ロケット誘雷の VHF 帯広帯域干渉計による観測を行った（コラム 10 参照）．ロケット誘雷の upward positive leader の三次元電波観測に成功するなど，重要な成果を上げることができた（e.g., Yoshida et al., 2010）．ここで少しフロリダ大学におけるロケット誘雷実験について紹介したい．

フロリダ州は米国の南東部に位置する州で，北米で雷放電が多発する地域として知られている．フロリダ大学はフロリダ州の北部ゲインツビル（Gainesville）にある大学で，大学内にゴルフ場，アメフトのスタジアム，湖（当時は野生のワニ 4 匹が生息）がある広大な大学である．この大学に所属する Uman 先生，Rakov 先生，Jordan 先生が中心となり，ロケット誘雷が実施

されていた．ゲインツビルから車で1時間ほどのStarkeという小さな町に，およそ1 km^{2}のロケット誘雷実験設備（International Center for Lightning Research and Testing：ICLRT）がある．筆者が滞在していた時は，敷地内には約7 mの高さの木の櫓があり，その櫓の上にはロケット発射台があった．この発射台におよそ1 mのロケットを設置し，雷雲が来た時にロケットを打ち上げる．このロケットには導体（この時は銅）のワイヤーがボビン（ワイヤーを巻くための円形の機器）に収められており，発射するとボビンからワイヤーが吐き出される．

　雷雲が近づいてくると，敷地内にあるコントロールセンターに私を含め研究者が待機する．地上電界や付近の雷放電発生位置などから現場の判断でロケットを打ち上げる．ロケット発射には3, 2, 1, fire（発射）とカウントダウンの掛け声をかけて，そのタイミングでロケットを発射する．発射の直前は非常にドキドキする瞬間である．成功すればロケット打ち上げのおよそ3～4秒後にロケット誘雷が発生する．なお，このカウントダウン中にICLRT近くで雷放電が発生すると，ロケット発射は急遽中止となる．近くに雷放電があれば雷活動が活発なことを意味し，ロケット誘雷の成功率が上がって良いのになぜ止めるのか筆者には不思議であった．後でJordan先生に理由を聞くと，雷放電の発生により雷雲内の電荷量が一時的に急減するため，自然雷発生直後ではロケット誘雷成功率は下がるそうである．いわれてみればその通りである．なおフロリダ大学のグループでは，当時のロケット誘雷の成功率は5割程度であると聞いたと記憶している．

7.2.3 レーザ誘雷

　レーザ誘雷は強いレーザ光を上空に照射し，レーザにより大気の一部を電離した状態（プラズマ状態）にして，雷放電発生を促す．レーザ光を目標物である建造物（鉄塔など）の先端付近に向けて照射し，目標物からの雷放電の発生を誘発する．

　このレーザ誘雷は1970年代に提案されて以降，室内実験や野外実験が行われている．国内でも1980年代から1990年代にかけて，室内実験や野外実験を実施している．1997年には2 kJの出力のCO$_2$レーザを用いて福井県で，鉄塔

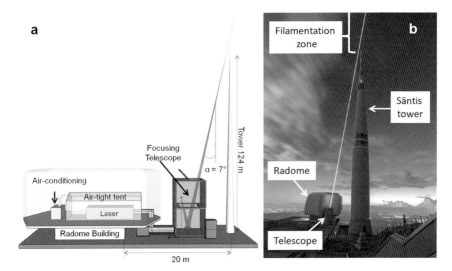

図 7.3 （a）レーザ誘雷装置のレイアウト．右側のタワーに上向き雷放電を誘発する．（b）レーザ光をタワー先端付近に照射している様子．
© Houard *et al.*（2023）（Licensed under CC BY 4.0 DEED）.

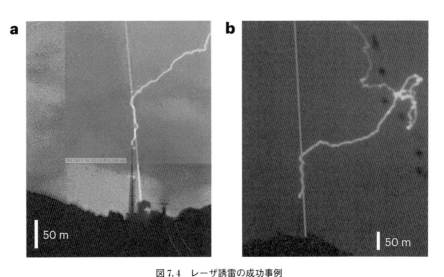

図 7.4 レーザ誘雷の成功事例
© Houard *et al.*（2023）（Licensed under CC BY 4.0 DEED）.

へのレーザ誘雷実験に成功したと報告されている（島田他，1999）.

　スイスの研究グループは，標高 2000 m 級の山頂にある 124 m あるタワーでレーザ誘雷実験に成功している（Houard et al., 2023）. 図 7.3 に近年スイスのグループが用いたレーザ誘雷のレイアウトを示す（Houard et al., 2023）. 彼らの設備は Yb：YAG レーザを用いた装置で，出力は波長 1030 nm でピークパワーは 500 mJ，パルス繰り返し数 1 kHz である. パルス繰り返し数は大きいものの，ピーク電力はとりわけ大きいというわけではない. 彼らは 2021 年の夏季の雷活動があった時間帯にレーザを照射し（合計 6.3 時間），4 回のレーザ誘雷に成功したと報告している. 4 回のうちの 2 回の成功事例を図 7.4 に示す. この 4 回の成功事例は全てタワーからの上向き正極性雷放電であった（つまり，タワーから上向き負リーダが伸展）. どちらの事例も最初の 150 m くらいまでは，地上から直線的に伸びるレーザ光の近くをまとわりつく感じで負

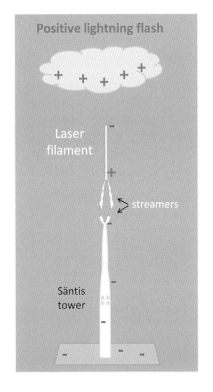

図 7.5　**Hourad et al. (2023)** により示されたレーザ誘雷のメカニズム
ⓒ Houard et al. (2023)（Licensed under CC BY 4.0 DEED）.

リーダが上昇し，その後水平方向に伸展していることがわかる．

Houard et al. (2023) は，レーザ誘雷の発生メカニズムを以下のように推測している（図 7.5）．まずターゲットとしているタワーの数十 m 上側に，レーザ光によってプラズマ領域を発生させる（図中の laser filament）．このプラズマは雷雲電荷による電界により上側は負ストリーマ，下側に正ストリーマがそれぞれ伸びていく．正ストリーマがタワーに到達するか，または到達しなくとも正ストリーマ先端の正電荷によりタワーの電界が強められタワーから放電が発生する．まだ 4 事例だけの観測なので今後の研究によるメカニズム解明が待たれる．

7.2.4 ▍誘雷のメリット

誘雷の研究上のメリットは 2 つある．一つは前述の通り，いつどこで発生するかがあらかじめわかっているため観測装置の狙いをつけやすい．つまり，自然雷はいつどこで発生するかは事前にはわからないので，観測範囲を絞ると観測できるかどうかは運によるところが大きい．高速ビデオカメラ観測や放射線の観測など観測範囲が非常に限られている装置では特にこのメリットは大きく，リーダから放射される X 線の検出（Howard et al., 2008）やダートリーダ前に発生したスペースリーダの観測（Biagi et al., 2009）など多くの成果を上げている．

もう一つのメリットは雷電流（雷放電に伴い流れる電流）の直接観測や，その利用が可能なことである．素材の耐雷試験を行う場合には，試験素材（電力風車のブレードなど）に雷放電を模擬した大電流を流して耐雷試験を行う．その後に，ロケット誘雷を用いて現実の雷放電による大電流での試験が可能となる．フロリダ大学のロケット誘雷実験場には，試験のための木造の家や滑走路までもあった．筆者がフロリダ大学に在籍した当時は既にこれらを用いた実験は終了したとのことで，実験を見ることはできなかったが，おそらくロケット誘雷で得た大電流を流して，その影響を調べていたものと思われる．

7.3 火山雷

　火山噴火に伴って雷放電が発生する．これを火山雷という．火山雷は溶岩の噴出と同時に発生することが多く，火山雷の写真は非常に迫力があり非常に美しい．火山雷をご存知ない読者は，図7.6はもちろん，インターネットで火山雷や"volcanic lightning"で是非とも画像検索してほしい．迫力があって美しい火山雷の写真を見ることができる．図7.6は桜島で発生した火山雷で，溶岩と噴煙の中に火山雷が確認できる．火山雷はどのような火山噴火でも発生するわけではない．日本国内では新燃岳や桜島，他には南硫黄島近くにある海底火山の福徳岡ノ場などがある．

　火山雷に関連する電荷分離機構として，主に次の3つが関連していると考

図7.6　桜島で発生した火山雷
(音羽電機工業株式会社提供)（口絵10参照）

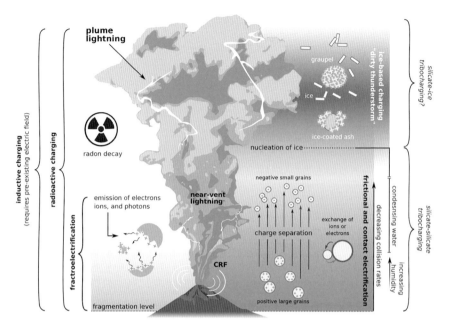

図 7.7 火山雷に関連する電荷分離と発生する雷放電の模式図
© Cimarelli *et al.* (2022)（Licensed under CC BY 4.0 DEED）.

えられている（図 7.7）. ①噴石の破壊による電荷分離（fractroelectrification, 図 7.7 の左下）, ②噴石と噴石の衝突による電荷分離（frictional and contact electrification, 図 7.7 の右下）, ③氷と氷の衝突による電荷分離（図 7.7 の右上）である. 次節以降に, 火山雷とそれらに関する電荷分離機構について述べる.

7.3.1 vent discharge と near-vent lightning

火口付近では火山噴火に伴い, 噴石の破壊や噴石同士の衝突が多く発生することが想像できるであろう. これらの噴石の破壊や噴石同士の衝突や摩擦により, 電荷分離が発生し, 噴石が帯電する. 室内実験によると, 大きな噴石と小さな噴石が衝突した場合, 大きな噴石は正に帯電し小さな噴石は負に帯電することが多いようである. 噴石の破壊や衝突による電荷分離は火山噴火時の火口や火口付近で多く発生し, これらの電荷分離メカニズムにより発生した電荷によって発生する火山雷は 2 種類あり, それぞれ vent discharge と near-vent lightning である（なお，vent discharge を火山雷と考えない文献もあるが，本書では vent discharge も火山雷の一つとしている）．

　火山噴火時に火口で電磁波パルス（continual radio frequency：CRF）が発生することが知られている．図7.7 では CRF と記載されているが，この CRF を引き起こす放電が vent discharge である．vent discharge は火口で発生する放電で，雷雲内の雷放電で見られるようなリーダではなく，数 m 程度のストリーマである可能性が示唆されている（Behnke *et al.*, 2018）．near-vent lightning は火口付近で見られる火山雷で，火山雷の写真としてよく見かける写真の多くは near-vent lightning である（図7.6 も典型的な near-vent lightning である）．桜島の near-vent lightning の観測結果によると，その継続時間は数 ms，放電路の水平スケールは数十から数百 m である（Aizawa *et al.*, 2016）．また，中和電荷量は 0.1 クーロンのオーダであり，リターンストロークのピーク電流値は数 kA である．通常の雷雲内の落雷は中和電荷量が 30 クーロン程度，リターンストロークは数十 kA である（1章参照）．near-vent lightning の規模は雷雲で発生する負極性落雷と比較して，総じて1桁か2桁小さい．その意味で，「ミニチュア雷放電」といってよいであろう（Aizawa *et al.*, 2016）．

7.3.2 ▎plume lightning

　大規模な噴火の場合は，火口付近での噴石破壊や噴石と噴石の衝突による電荷分離に加えて，高高度の噴煙内で氷の衝突による電荷分離が発生する．火山ガスには，水蒸気，二酸化硫黄，硫化水素，塩化水素，二酸化炭素などが含まれており，その大部分（90% 以上）が水蒸気である．大規模な噴火の場合，噴煙は高高度まで達する．日本の真夏の場合でも高度5 km から6 km まで噴煙が到達すると，周囲の気温は0℃以下に達し火山ガスは0℃以下に冷却される．このため，噴煙内では凝結・凝固により氷が発生する．これらの氷同士の衝突により電荷分離が発生する．このメカニズムは4.2節で述べた通り，通常の雷雲内で発生する雷放電と同様のメカニズムである．つまり，噴煙の強い上昇気流と火山ガスに含まれる水蒸気が，噴煙内で雷雲と同じ状況を作り出し，電荷を発生させている．この電荷に伴う雷放電が plume lightning である．この噴

煙を dirty thunderstorm と呼ぶこともある．

なお，ここで挙げた3つの電荷分離機構（噴石の破壊，噴石の衝突，氷の衝突）以外には，分極誘導による電荷分離や火山灰内の放射性物質による電荷分離（図7.7の左側），マグマと水の相互作用による電荷分離も考えられている．

7.3.3 トンガ沖海底火山噴火に伴う火山雷

最近，研究者内で注目を集めた火山雷は，2022年1月にトンガで発生した，フンガ・トンガ＝フンガ・ハアパイ火山の大規模噴火に伴い発生した火山雷である．この海底火山噴火に伴い日本でも大きな潮位変動があり大きく報道されたことから，ご記憶にある方も多いだろう．この火山噴火に伴って火山雷が発生した．この火山噴火は非常に大規模なもので，噴煙は少なくとも高度58 kmまで達していると考えられている．つまり，噴煙は成層圏（20～50 km）を超えて中間圏（50～80 km）にまで達している（Eaton et al., 2023）．

以下に述べる情報は全て Eaton et al.（2023）で報告された内容である．この火山雷は，静止衛星搭載の雷観測装置（Global Lightning Mapper：GLM）や地上雷観測網により観測されている．まず，この火山雷が注目されたのはその火山雷発生数の多さである．噴煙内で発した火山雷の flash rate は，最大2600を超えた．つまり，1秒あたりで平均43回を超える．この flash rate は，これまで報告されてきた最も活発な雷雲でも1000に満たないことから，非常に大きな値であることがわかる．なお，国内で見かける真夏の活発な入道雲の場合，flash rate は高々20程度である．このことからもこの火山雷がいかに活発であったことが実感できる．

もう一つの目を引く点が火山雷の発生高度である．彼らはこの火山雷の発生高度は20～30 kmと推定している．通常の雷放電は当然のことながら対流圏で発生するため，その多くが高度20 km以下の現象であり，通常の雷放電と発生高度が大きく異なる．高度20 km以上ではリーダは生成されず，基本的にはブルージェット（高高度発光現象の一つで雷雲上部から高度50 km程度までの放電，コラム1参照）のような，ストリーマが多いと考えられている．そのため，今回観測された高高度の火山雷は，どのような放電形態であったのか？　この点は現段階ではわかっていない．

7.3 火山雷

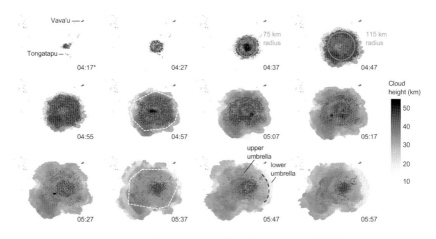

図 7.8 衛星観測で得られた噴煙の高度と火山雷の標定点

グレースケールで衛星観測から得られた噴煙高度．ドットが火山雷の標定点を示す．Eaton et al.（2023）より一部改変して掲載．© Eaton et al.（2023）(Licensed under CC BY 4.0 DEED)（口絵 11 参照）．

　もう一つ興味深い点が，火山雷の活発な場所が時間とともにリング状に広がっていることである．図 7.8 にある通り，火山雷の標定点がリング状に広がる様子が見える（最初の 30 分間はリング状に広がる様子がわかりやすい）．火山噴火の上昇気流が高高度まで達することにより，大気重力波が発生する．大気重力波は水面に石を落としたときに同心円状に広がる水面の波とよく似た現象で，噴火の上昇気流の影響で，大気の上下振動が同心円状に広がる現象である．彼らによると，火山雷の活発な領域のリングが衛星で観測された大気重力波の場所に対応することから，この大気重力波が火山雷発生に影響を与えたと考えている．

　彼らはトンガ沖の火山噴火が非常に大きかったために，上記に挙げるような特異な火山雷の特徴を持つに至ったと考えている．今回の事例では，水蒸気を含む火山ガス噴出に加えて，海底火山であったことから海水から噴煙への水の供給もあったと考えられ，噴煙内の大量の水蒸気が高高度まで輸送されたと考えられる．この上昇の過程で，水蒸気は冷やされ凝結する．トンガ沖海底火山の場合は，非常に上昇気流が強かったために，成層圏で固相と液相の水が混在する mixed phase region になっていたと推定している．成層圏で発生し

た mixed phase region 内で大小の氷の衝突が発生し,電荷分離が発生したと推定している.つまりこの火山雷は先に述べたうちの plume lightning であり,火口付近で発生する vent discharge や near-vent lightning ではない.噴火が非常に大きかったために,火山雷の発生する高度が通常よりも高高度で,かつ,水蒸気供給も大量であったために,flash rate が非常に高くなったと考えている.また大気重力波に関しては,大気の上下動が mixed phase region において,氷粒子間の相互作用を促進し雷放電増加に寄与したため,図 7.8 に見られるリング状の雷活動があったと考えられる.ただし,詳しいことはよくわかっていない.

コラム 10　幻の Y-lightning

著名な科学者にはその研究成果に敬意を表して,その名前が物理現象などに採用されることがある.有名な例は,古典力学の枠組みを作ったニュートン(力の単位)であろう.また,シュレディンガー方程式,ハイゼンベルグの不確定性原理など,方程式や原理に名前を冠する場合もある.気象分野では,藤田哲也先生のイニシャルが,竜巻の強さを表す F スケールとして採用されている.雷放電の一プロセスである K 過程は,北川信一郎先生のイニシャルを冠したともいわれている(他にドイツ語を語源とする説もある).

筆者も研究者の端くれなので,面白い研究をしたいと思う一方で,自分の名前

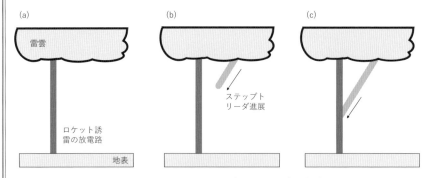

図 C10.1　combined lightning (Y-lightning) の概念図
(a) ロケット誘雷が成功し地表と雷雲の電荷領域が電気的につながる.(b) ステップリーダがロケット誘雷の放電路に向けて進展.(c) ステップリーダとロケット誘雷がつながり,1 つの雷放電となる.

を残したいという（少し不純な）気持ちがあった．筆者が客員研究員としてフロリダ大学にいた時にそのチャンスが訪れた．ロケット誘雷に別の雷放電が合流する，という珍しい雷放電を観測し（図 C10.1），このタイプの雷放電は我々が最初の発見者であることがわかった．図 C10.1(c) を見ればわかる通り，この放電路はアルファベットのYの字に見える．なので，筆者はこの雷放電には，Y-lightningと名付けるのはどうか，と提案した（筆者のイニシャル（Y）を密かにつけようとしていた）．最初は受け入れられる雰囲気だったが，ある研究者が筆者のイニシャルであることに気づき，この提案は却下された．結局，この現象は combined lightning で落ち着く（Yoshida et al., 2012）．

　自分のイニシャルの入った名前を付けられず少し残念な気持ちも当時はあったが，今ではなんとも思っていない．というのも，後世の方につけていただくのが本来の在り方だろうと思うようになったからである．

文　献

[1] Aizawa, K. *et al.*, 2016：Physical properties of volcanic lightning：Constraints from magnetotelluric and video observations at Sakurajima volcano, Japan. *Earth Planet. Sci. Lett.*, **444**, 45-55.

[2] Behnke, S. A. *et al.*, 2018：Investigating the origin of continual radio frequency impulses during explosive volcanic eruptions. *J. Geophys. Res. Atmos.*, **123**, 4157-4174.

[3] Biagi, C. J. *et al.*, 2009：High-speed video observations of rocket-and-wire initiated lightning. *Geophys. Res. Lett.*, **36**, L15801.

[4] Cimarelli, C. *et al.*, 2022：Volcanic electrification：recent advances and future perspectives. *Bull. Volcanol.*, **84**, 78.

[5] Eaton, V. *et al.*, 2023：Lightning rings and gravity waves：Insights into the giant eruption plume from Tonga's Hunga Volcano on 15 January 2022. *Geophys. Res. Lett.*, **50**, e2022GL102341.

[6] Houard, A. *et al.*, 2023：Laser-guided lightning. *Nat. Photon.*, **17**, 231-235.

[7] Howard, J. *et al.*, 2008：Co-location of lightning leader X-ray and electric field change sources. *Geophys. Res. Lett.*, **35**, L13817.

[8] 島田義則他，1999：冬季雷におけるレーザ実誘雷実験，電気学会論文誌 A，**119**, 7, 990-996.

[9] Yoshida, S. *et al.*, 2010：Three-dimensional imaging of upward positive leaders in triggered lightning using VHF broadband digital interferometers. *Geophys. Res. Lett.*, **37**, L05805.

[10] Yoshida, S., *et al.*, 2012: The initial stage processes of rocket-and-wire triggered lightning as observed by VHF interferometry. *J. Geophys. Res.*, **117**, D09119.
[11] 吉田　智，2022：稲妻と雷の図鑑，グラフィック社.

CHAPTER 8
雷放電標定技術

8.1 はじめに

　雷放電発生場所を推定する技術を雷放電標定技術と呼ぶ．雷放電標定技術の発展とともに雷放電研究が進んできたといっても過言ではない．位置標定技術には，電波観測と光学観測（高速ビデオカメラなど）などが存在する（他には音波観測など）．光学観測は2.6節で見てきた通り，雷放電物理の理解に大きく寄与してきた．しかしながら，雷雲構成粒子による散乱のため光学観測では雷雲内部の光の観測は基本的に難しく，光学観測は雷雲外の利用に限られる．一方で，雷放電は強い電磁波を放射する現象であり，この放射源を求めることにより雷放電発生位置推定が可能である．電波観測では，雷雲構成粒子の散乱をほとんど受けないため，雷雲外だけでなく雷雲内部の観測も可能である．本章では雷放電の電波標定技術について述べる．雷放電電波標定装置は，雷放電から放射される電磁波を複数のアンテナで受信し，アンテナ間の時間差や位相差などから放射源を求める．

　観測装置開発に直接関わらない研究者であっても，観測原理の理解は必須である．どのような装置も観測原理に基づいた長所と短所があり，観測原理の理解なしに，観測結果の論文を理解することは難しい．

　1.4節で示してきた通り，雷放電はステップトリーダやダートリーダ，リターンストロークなど，多様な放電が連続的に発生している現象である．雷放電の電波標定の観点から考えると，これらの過程は2種類に大別できる．一つは，絶縁体である大気をプラズマ化し，電流が流れる状態にするリーダ過程（ステップトリーダやリコイルリーダなど）である．もう一つがリーダ過程によりプラズマ化された経路を一気に大電流が流れ，雷雲中の電荷領域を中和する過程（リ

ターンストロークや雲放電における K 過程に伴う大電流など）である．リーダ過程には VHF 帯あたり（周波数 30〜300 MHz）の高周波での放射が強いことが知られており，一般にこのあたりの周波数が用いられることが多い．その一方で，リターンストロークなどの大電流過程では VLF（周波数 3〜30 kHz）などの周波数の低い電磁波が強く放射されることから，これらの電磁波を観測に用いることが多い．8.2 節，8.3 節ではそれぞれ，二次元標定技術，三次元標定技術について述べる．

8.2 二次元標定技術

8.2.1 二次元標定技術の概要

　二次元標定技術は雷放電位置を二次元標定（緯度経度）で推定する装置である．対象となる雷放電過程は，リターンストロークなど大電流を伴う雷放電過程である．リターンストロークの標定，つまり落雷地点の位置標定は，電力設備の安定運用などの目的もあり古くから利用されてきた．標定手法は複数あり，検知局間の電磁波パルスが到達した時間差から求める到達時間差法（time of arrival：TOA）や，直交した 2 つのループアンテナで両者の位相差を求め到来方向を推定する方法（magnetic direction finding：MDF）などがある．一般に用いられている二次元雷放電標定装置はどちらかの手法，もしくは両方の手法を取り入れた観測装置が多い．2023 年現在，気象庁が運用している Lightning Detection Network system（LIDEN）は双方を取り入れたタイプの雷放電標定装置である．ここでは TOA について簡単に説明する．

　雷放電からの電磁波パルスを，複数の地上受信局で受信したことを考える（図 8.1）．放射源（リターンストロークなど）の発生時刻と場所を (t, x, y) とし，i 番目の受信局（位置 (x_i, y_i)）で電磁波パルスを受信した時刻を t_i とすると，各受信局で理想的には次の式が成り立つ．

$$c(t_i - t) = \sqrt{(x - x_i)^2 + (y - y_i)^2} \tag{8.1}$$

ここで，c は光速を示す．実際の観測にはノイズや装置の時刻精度の限界があるので，厳密には式（8.1）は成り立たない．そこで式（8.2）の χ^2 が最小と

8.2 二次元標定技術　　　169

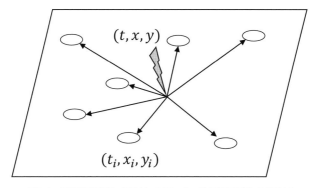

図 8.1 到達時間差法（TOA）を用いた二次元標定手法の概略図
楕円は検知局の位置を示す．

なるような (t, x, y) の組が求める最適な解となる．

$$\chi^2 = \sum_{i}^{N} \sigma_i^{-2}((t_i - t) - c^{-1}\sqrt{(x-x_i)^2 + (y-y_i)^2}) \tag{8.2}$$

ここで σ_i, N は i 番目の受信局の時刻精度，標定に用いた検知局数である．このようにして二次元標定が可能である．

8.2.2　二次元標定装置のメリット，デメリット

　二次元標定装置に比べて後述の三次元標定装置は，情報量は多くまた標定精度も高く装置として優れているといってよいであろう．しかしながら，二次元標定装置にも三次元標定装置にはない利点がある．二次元標定の利点は，少ない受信局で広い観測域をカバーできることである．二次元標定に利用される電磁波観測装置のリターンストロークなどの大電流過程を標定する場合，前述の通り VLF 帯あたりの電磁波を受信することが多い．低周波の電磁波は電波が遠くまで伝搬するため，検知局の数を少なくすることが可能である．例えば VLF 帯電磁波源の標定を行う WWLLN では，約 80 の検知局だけで全球の雷放電を観測している（e.g., Holzworth et al., 2019）．一方，三次元標定の場合，一般には数十 km 以下の範囲に受信局を設置し，10 程度の検知局で観測範囲は 200 km に満たないことが多い（e.g., Yoshida et al., 2014）．比較すれば，いかに二次元標定装置が少ない検知局で広い範囲を観測できるかがわかるだろう．二次元標定は少ない検知局で観測が可能であるため，三次元観測では観測

が難しい，海洋上，山岳地帯，極地域などの雷放電観測が可能となる．例えば，コラム7,8,9でも示した通り，WWLLNを用いて観測の難しい北極圏や海洋上の雷放電についての研究成果が発表されている．このように限られた検知局の数でも広い観測範囲を得ることができるのが，低周波の二次元標定のメリットである．

もう一つのメリットは落雷地点の標定が容易，という点である．リターンストロークはVLF帯からLF帯で特徴的な電波パルスを放射する．これはVHF帯を用いる三次元雷放電標定装置では，その特徴的なパルスを受信することができず，リターンストロークの有無の判断やその位置標定は難しい．三次元標定の方が二次元よりも高精度であるものの，リターンストローク（すなわち落雷地点）の標定に関しては低周波側の二次元標定の方が効果的な手法といって良いだろう．落雷地点の把握は防災上に非常に重要であることから，二次元標定の果たす役割は大きい．

低周波を用いた二次元標定装置のデメリットは標定精度である．観測器の標定精度は周波数（帯域幅）に大きく依存し，基本的には周波数が低いほど，標定精度や放射源の時刻推定精度は低下する．また，VLF帯のような低周波の場合，三次元標定は実現できない．もちろん次節で述べる通り，VLF帯でも式 (8.4) を用いて三次元標定も数値として計算することは，原理的には可能である．しかしながら，各検知局の時刻推定精度が低いため，高度の推定結果の精度は低くなり，現実的にそのデータを利用することはできない．

8.3 三次元標定技術

三次元標定では放電源の緯度経度情報に加えて，高度情報も得ることができる．対象となる放電はステップトリーダなどのリーダ過程である．このリーダ過程はVHF帯が強く放射されるため，VHF帯やその近くの周波数帯を受信する標定装置が多い．現在よく利用されている標定手法は，到達時間差法や干渉法（digital interferometry：DITF）が用いられている．ここでは到達時間差法としてlightning mapping array（LMA）とBroadband Observation network for Lightning and Thunderstorm（BOLT），干渉法として大阪大学

が開発した VHF 帯広帯域干渉計を中心に紹介する．

8.3.1 ┃ TOA を用いた三次元標定

三次元の到達時間差法は二次元の手法を三次元に拡張して用いる（図 8.2）．雷放電から放射された電磁波パルスを i 番目の検知局（x_i, y_i, z_i）で時刻 t_i に受信したときに次の式が成り立つ．

$$c(t_i - t) = \sqrt{(x - x_i)^2 + (y - y_i)^2 + (z - z_i)^2} \tag{8.3}$$

二次元標定と同じく，式（8.4）の χ^2 が最小となるような（t, x, y, z）の組が求める，最適な解となる．

$$\chi^2 = \sum_i^N \sigma_i^{-2} ((t_i - t) - c^{-1}\sqrt{(x - x_i)^2 + (y - y_i)^2 + (z - z_i)^2}) \tag{8.4}$$

このように二次元と三次元の TOA は高さ方向の情報が入るだけで，数学的にはほぼ同じである．TOA を用いた雷放電観測装置は，検知局で囲まれるネットワーク内で高い標定精度を有するものの，ネットワーク外では標定精度が低下する（これは二次元でも同様）．また，低高度の放射源の高度（z）の標定精度が劣化する（なお，低高度の放射源でも水平方向の精度（x, y）に大きな影響はない）．これは検知局をほぼ同一平面上（例えば関東平野など）に設置することから生じる問題である（e.g., Yoshida *et al.*, 2014）．

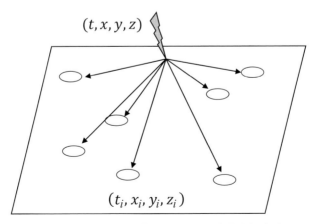

図 8.2　到達時間差法（TOA）を用いた三次元標定手法の概略図
楕円は検知局の位置を示す．

図 8.3　LMA の検知局
写真中央右寄りに LMA の受信用アンテナが設置されている（防災科学技術研究所櫻井南海子主任研究員提供）.

　世界で最も利用されている TOA を用いた三次元標定装置が LMA である. LMA は米国ニューメキシコ工科大学が開発した装置で，概ね 10 程度の検知局で構成される. 一つの検知局には一つのアンテナ，フィルタ，記録計で構成されており，60 MHz 付近の電磁波を狭帯域で記録する（図 8.3）. 各アンテナでは到来した電波のピーク時間を記録している. 電波源の推定精度は水平方向に 10 m 程度，垂直方向に 30 m 程度である（Thomas et al., 2004）. 日本では岐阜大学の研究グループが LMA を用いて冬季雷観測を実施した（e.g., Wang et al., 2015）. また防災科学技術研究所のグループは，東京を中心に関東平野を観測する Tokyo LMA を展開している（Sakurai et al., 2021）. LMA では，複数のアンテナ間で波源から放射される電磁波パルスを受信し，その受信時刻と整合するように，放射源の三次元位置と時間を求める. このため，高度の精度は一般的に高い.

　他には大阪大学の研究グループが開発した BOLT も TOA を用いた三次元標定装置である（Yoshida et al., 2014）. BOLT は LF 帯の電波を受信し標定する装置で，通常の三次元標定に加えて，LF 帯を用いることにより，落雷地点

の位置標定も可能である．ただし，VHF 帯よりも低周波である LF 帯を利用している BOLT は LMA よりも標定精度が劣り，大阪平野で実施した BOLT の場合，ネットワーク内の精度は水平方向で 200 m 以下，鉛直方向で 400 m 以下と推定している（Yoshida et al., 2014）．なお，BOLT に次に述べる干渉法を適応する試みも実施されている（Stock et al., 2017）．

8.3.2 干渉法

干渉法はアンテナ間の位相差を用いて，雷放電標定を行う手法である．ここでは特に大阪大学の研究グループが進めてきた VHF 帯広帯域干渉計（VHF broadband digital interferometry）について，Morimoto et al.（2004）を参考に述べる．VHF 帯広帯極干渉計の検知局は，数 m から数十 m 離して設置したアンテナ対（図 8.4）で構成される．ステップトリーダなどから放射される電磁波を広帯域（概ね 25～100 MHz）で受信し，その位相差（θ）を求める．具体的には，両アンテナの受信波形を高速フーリエ変換（FFT）し，両者の位相差を求める．この位相差は FFT ポイントごと（周波数ごと）に求めることが可能で，複数の位相差を求めることができる．この複数の位相差からフリンジ不確定性（θ のうち $2n\pi$ の任意性があること．n は整数）の問題を解決することができる．受信波形から得た θ を用いて，このアンテナ対に入射した電磁波の入射角（φ）を推定することができる（式（8.5））．

$$\varphi = \cos^{-1}\left(\frac{\theta\lambda}{2\pi d}\right) \tag{8.5}$$

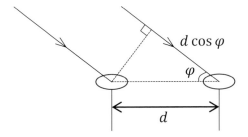

図 8.4 干渉法の原理
アンテナ対で雷放電からの電波を受信し，その位相差からアンテナ対への入射角 φ を推定する．

独立なアンテナ対を2組以上使うことにより,複数の独立な入射角を求めることが可能で,入射角から観測サイトへの到来方向(方位角と仰角)を求めることができる.つまり,最低3つのアンテナ(2つの独立したアンテナ対)があれば,DITFによる雷放電の到来方向推定が可能である.図8.5は,筆者がフロリダ大学客員研究員のころに当地で展開していたVHF帯干渉計検知局の写真である.この写真では4つのアンテナが確認できるが,そのうちの一つは記録計制御用のアンテナで標定には利用しない.残り3つのアンテナで電磁波の到来方向推定を行う.このような検知局を複数設置し,一つの雷放電の電磁波パルスに対して,数km離れた複数箇所の検知局で観測することができれば,三次元標定も可能である.より詳しくは,Morimoto et al. (2004) を参照してほしい.

Morimoto et al. (2004) では放射電力の大きな電磁パルスのみ記録するシステムであった.このため主に標定できるのは放射電力の強い負リーダが主で,放射電力の弱い正リーダの観測はできなかった.しかしながら,Akita et al. (2014) やStock et al. (2014) では2秒間の連続記録とし放射の弱い電磁パルスも標定できるようにアップグレードし,電磁放射の弱い正リーダの観測に成功している(コラム5参照).

連続記録によって小さな電磁パルスを記録するというVHF帯広帯域干渉計のアイデアは多くの研究者に受け入れられ,多く雷放電観測装置が開発さ

図8.5 米国フロリダ州でのVHF帯広帯域干渉計による観測の様子

れている．大阪大学が実施してきた FFT から位相差を求めるのではなく，時間波形の相互相関からアンテナ間位相差を求める手法などが提案されている（Shao et al., 2020）．また，3 つのアンテナだけを利用するのではなく，受信アンテナ数を非常に多くして標定精度を向上させる取り組みもなされている（e. g., Hare et al., 2019）．そのうちの一つの Long Wavelength Array station at Sevilleta（LWA-SV）は 256 のアンテナで構成されている（Stock et al., 2023）．この装置を用いた標定結果（方位角，仰角）は非常に綺麗な雲放電の放電路を確認できる（カバーの左下図）．

コラム 11　河崎善一郎先生

　研究者の多くは，研究における恩師と呼べる先生がいるのではないだろうか．私の場合も数人の顔が浮かぶが，修士課程・博士課程で指導教官を務めていただいた河崎善一郎先生が一番の恩師である．河崎先生は大阪大学で学位取得後に名古屋大学助手に着任．名古屋大学在籍時に雷放電の研究を始められて，一貫して雷放電研究に打ち込まれている．大阪大学に異動し，2000 年から同大学通信工学専攻の教授に着任された（なお，私が大阪大学修士課程に進学したのは 2001 年でその後 20 年以上，陰に陽にお世話になっている）．河崎先生の業績の一つは，VHF 帯広帯域干渉計の開発で，双方向性リーダ仮説の証明につながったなど，大きな功績をあげられている．

　河崎先生が常々おっしゃったことは，「新しい観測装置が新しい科学的発見をもたらすので，観測装置を独自に開発しなさい」である．観測装置の独自開発の重要性をダイレクトに説かれている．（ご本人には確認していないが）これは「河崎哲学」といってよいだろう．確かに未解明問題を解き明かすには，独自開発装置での観測は有力な手法の一つである．河崎先生ご自身も装置開発にご尽力されてきたし，河崎先生が指導された方々にも現在観測装置の独自開発を進めている方が多い．不肖の教え子の一人である筆者も，雷放電標定装置（BOLT）を共同で開発し，成果を上げることができた．研究者としての非常に重要な視点を与えていただいた河崎先生には本当に感謝している．

コラム 12　落雷被害にあわないために

　落雷が人体を直撃すると約 80％の割合で死に至る．死亡に至らない場合でも意

識を失うなど重症となり，数週間の入院が必要な場合がある（日本大気電気学会，2001）．落雷による大電流が人体の表面を流れた場合はやけどで済むこともあるが，体内に大電流が流れた場合は，重大事故になることが多い．落雷の被害は正しい知識と情報があれば避けることができるので，是非ともご自身と家族や友人を守るために正しい知識を身に着けてほしい．

　ステップリーダは夏季の雷雲の場合，水平方向には10 km程度広がることは珍しくない．一方で，雷鳴の聞こえる範囲は概ね10 km以内なので，雷鳴が聞こえる範囲は，次に落雷が発生する危険性が十分ある．雷鳴が聞こえた時はすぐに安全な場所へ避難しなければならない．安全な場所は金属で囲まれた場所（自動車内，ビル内）である．雷放電は電気現象なので導電体で囲まれた空間の内部には入り込めない．野外で比較的安全なのが，コンクリートの電柱の近く（ただし念のため2 m離れること）と電線の下である．

　一方で危険な場所は，相対的に自分が高くなるような場所である．野外スポーツや傘をさして歩くなどは危険である．また樹木のそばも危険である．樹木へ落雷したときにそこから人体に飛び移る「側撃雷」が発生することがあり危険である．詳細は気象庁ホームページや参考文献（日本大気電気学会，2001）をご覧いただきたい．

文　献

[1] Akita, M. *et al.*, 2014：Data processing procedure using distribution of slopes of phase differences for broadband VHF interferometer. *J. Geophys. Res. Atmos.*, **119**, 6085-6104.

[2] Hare, B. M., *et al.*, 2019：Needle-like structures discovered on positively charged lightning branches, *Nature*, **568**, 360-363.

[3] Holzworth, R. H. *et al.*, 2019：Global distribution of superbolts. *J. Geophys. Res. Atmos.*, **124**, 9996-10005.

[4] Morimoto, T. *et al.*, 2004：An operational VHF broadband digital interferometer for lightning monitoring. *IEEJ Trans. Fundam. Mater.*, **124**(12), 1232-1238.

[5] 日本大気電気学会，2001：雷から身を守るには―安全対策Q&A―改訂版．

[6] Sakurai, N. *et al.*, 2021：3D total lightning observation network in Tokyo Metropolitan Area (Tokyo LMA). *J. Disaster Res.*, **16**, 4, 778-785.

[7] Shao, X.-M. *et al.*, 2020：Lightning interferometry uncertainty, beam steering interferometry, and evidence of lightning being ignited by a cosmic ray shower, *J. Geophs. Res. Atmos.*, **125**, e2019 JD032273.

［8］ Stock, M. G. *et al.*, 2014：Continuous broadband digital interferometry of lightning using a generalized cross-correlation algorithm. *J. Geophys. Res. Atmos.*, **119**, 3134-3165.

［9］ Stock, M. *et al.*, 2017：Near-field, low frequency interferometric imaging of lightning. *the XXXII URSI GASS*, Montreal, Canada, August 2017.

［10］ Stock, M. *et al.*, 2023：Lightning interferometry with the long wavelength array, *Remote Sens.*, 2023, **15**(14), 3657.

［11］ Thomas, R. J. *et al.*, 2004：Accuracy of the lightning mapping array. *J. Geophys. Res.*, **109**, D14207, doi：10.1029/2004JD004549.

［12］ Wang, D. *et al.*, 2015：Japan winter upward lightning：Triggering source, initial leader progression and parent storm charge structure. *2015 Asia-Pacific International Conference on Lightning*, Nagoya, Japan.

［13］ Yoshida, S. *et al.*, 2014：Initial results of LF sensor network for lightning observation and characteristics of lightning emission in LF band. *J. Geophys. Res. Atmos.*, **119**, 12034-12051.

索　引

欧　文

BWER（bounded weak echo regions）146

CRF（continual radio frequency）161
CRS front　71

DGD（凝華ドライグロース）86
DGS（昇華ドライグロース）86
DITF（干渉法）170
D 欠陥　88

FB（fast breakdown）73
flash rate　111, 138
FNB（fast negative breakdown）73
FPB（fast positive breakdown）67

GLM（静止衛星搭載雷観測装置）125

IC（雲放電，雲内放電）4
　＋IC　128
　－IC　128
inverted IC　128

K 過程　21

LIDEN（Lightning Detection Network system）139, 168
lightning bubble　137, 143
lightning hole　137, 145
lightning jump　137, 139

LMA（lightning mapping array）67, 170
LOFAR　70
L 欠陥　88

M-component　21
MDF（magnetic direction finding）168
MFB（mixed fast breakdown）73

NBE（narrow bipolar event）69
near-vent lightning　151, 160
normal IC　128

plume lightning　151, 161
pre-conditioning　84

snow dipole　110

TLEs（高高度放電発光現象）26, 64
TOA（到達時間差法）168, 170

UCL（upward connecting leader）9

vault　146
vent discharge　151
VHF 帯干渉計　68

WGE（蒸発ウェットグロース）86

X 線　66

あ　行

霰　78

イオン欠陥　88, 99
イオン対流説　79, 93
イオン誘導説　79, 97
位相差（θ）173
一次宇宙線　72
一発雷　118

ウィンドシア　112
宇宙線　58
上向き正極性雷放電　6
上向き負極性雷放電　5
上向き雷放電　23
雲水量　80, 115
雲内放電（IC）4

エルブス　26
エーロゾル　115
エントレインメント　115

大雨　137
お迎えリーダ　13

か　行

拡散成長　86
拡散成長速度　90
火山雷　151, 159
カットオフ　10
カーネギーカーブ　93
過飽和度　83
干渉法（DITF）170

逆転温度　82, 114

索　引

逆転高度　114
逆転三重極構造　111
凝華　85
凝華ドライグロース（DGD）　86
凝結核　115
巨大ジェット　26, 129

空間電荷　95
空気シャワー　63
雲降水粒子仮説　58
雲放電（IC）　4

傾斜二重極構造　111

高エネルギー電子　64
高温プラズマ　36
高高度放電発光現象（TLEs）　26, 64
降電　137
氷
　——の枝　86
　——の規則　99
　——の水蒸気圧　84
コロナ放電　94

さ　行

三重極構造　8, 103, 104
散乱断面積　64

昇華　84
昇華ドライグロース（DGS）　86
衝突電離　2, 33
蒸発ウェットグロース（WGE）　86

水素結合　90
スクリーニングレイヤー　107, 117
ステップトリーダ　1, 8
ストリーマ　2, 35
スーパーセル　111, 116
スーパーボルト　132
スプライト　22, 26, 109, 129
スペースリーダ　37, 41

正極性落雷　6, 22
静止衛星搭載雷観測装置（GLM）　125
正ストリーマ　35, 37
青天の霹靂　106, 129
制動放射　65
正リーダ　8, 36
絶縁破壊強度　55

層状領域　103, 109
相対論的効果　65
双方向性リーダ　46
ゾンデ　56

た　行

大気重力波　163
対流領域　103, 107
ダウンバースト　138
多重度　10
ダートリーダ　10, 21

着氷電荷分離機構　78, 79
中和電荷量　19, 110

低温プラズマ　35
電荷構造　103
電荷分離　78
電荷領域　2, 8
電子雪崩　34
電離層　129

冬季雷　104, 118
逃走絶縁破壊　58, 62
逃走絶縁破壊仮説　58, 62
到達時間差法（TOA）　168, 170

な　行

二次宇宙線　2, 33
二次氷晶　89
二次粒子　63
入射角（φ）　173

濡れた霰　87

は　行

配向欠陥　99
パイロットシステム　37
バナール=ファウラーの規則　99

氷晶　78
避雷針　12, 28

フェアウェザー電界　93
フェーズドアレイ気象レーダ　108
負極性落雷　1, 8
負ストリーマ　35
プラズマ　2, 31, 32
負リーダ　8, 37
ブルージェット　26, 129
プロトン　98
分極誘導説　79, 96

平均自由行程　55
ベルシェロン過程　85

放電路　2
飽和水蒸気圧　84

ま　行

マスク効果　49

水
　——の飽和水蒸気圧　84

や　行

陽電子　66

ら　行

ラザフォード散乱　64
ラドン娘核種　63

リコイルリーダ　19

リーダ 2, 36
リターンストローク 1, 10

レーザ誘雷 151, 155
レナード効果 79, 91
連続電流 10

ロケット誘雷 151, 152

著者略歴

吉田　智（よしだ　さとる）

1977 年　大阪府に生まれる
2001 年　神戸大学理学部物理学科卒業
2003 年　大阪大学大学院工学研究科通信工学専攻博士前期課程修了
同　年　三菱重工業株式会社横浜製作所
2008 年　大阪大学大学院工学研究科電気電子情報工学専攻博士後期課程修了
2009 年　フロリダ大学客員研究員
同　年　大阪大学大学院工学研究科グローバル若手研究者フロンティア研究拠点助教
2013 年　気象庁気象研究所気象衛星・観測システム研究部研究官
現　在　気象庁気象研究所気象観測研究部主任研究官
　　　　神戸大学大学院理学研究科客員准教授
　　　　博士（工学）

著　書　『雷の疑問 56』（成山堂書店，分担執筆），『稲妻と雷の図鑑』（グラフィック社）

気象学ライブラリー 4
雷放電の物理
―絶縁破壊から電荷分離，メソ気象まで―　　定価はカバーに表示

2024 年 12 月 1 日　初版第 1 刷

著　者　吉　田　　　智
発行者　朝　倉　誠　造
発行所　株式会社　朝　倉　書　店
　　　　東京都新宿区新小川町 6-29
　　　　郵便番号　162-8707
　　　　電　話　03（3260）0141
　　　　ＦＡＸ　03（3260）0180
　　　　https://www.asakura.co.jp

〈検印省略〉

© 2024〈無断複写・転載を禁ず〉

教文堂・渡辺製本

ISBN 978-4-254-16944-7　C 3344　　Printed in Japan

JCOPY ＜出版者著作権管理機構　委託出版物＞

本書の無断複写は著作権法上での例外を除き禁じられています．複写される場合は，そのつど事前に，出版者著作権管理機構（電話 03-5244-5088, FAX 03-5244-5089, e-mail: info@jcopy.or.jp）の許諾を得てください．

気象学ライブラリー1 気象防災の知識と実践

牧原 康隆 (著)

A5 判／176 頁　978-4-254-16941-6 C3344　定価 3,520 円（本体 3,200 円＋税）

気象予報の専門家に必須の防災知識を解説。〔内容〕気象防災の課題と気象の専門アドバイザーの役割／現象と災害を知る／災害をもたらす現象の観測／予報技術の最前線／警報・注意報・情報の制度と精度を知る／他

気象学ライブラリー2 日本の降雪 ―雪雲の内部構造と豪雪のメカニズム―

村上 正隆 (著)

A5 判／212 頁　978-4-254-16942-3 C3344　定価 4,400 円（本体 4,000 円＋税）

国土の約半分を豪雪地帯が占める日本列島における降雪メカニズムを長年の研究成果に基づき解説。興味深いコラムも掲載〔内容〕降雪のパターン／雪の成長メカニズム（雲物理過程）／降雪をもたらす雲システム／降雪予報／降雪と社会

気象学ライブラリー3 集中豪雨と線状降水帯

加藤 輝之 (著)

A5 判／168 頁　978-4-254-16943-0 C3344　定価 3,520 円（本体 3,200 円＋税）

地球温暖化による気候変動にともない頻発する集中豪雨のメカニズムを大気の運動や線状降水帯などの側面から克明に解説。〔内容〕気温と温位／不安定と積乱雲／集中豪雨と線状降水帯／大雨の発生要因／梅雨期の集中豪雨

Pythonによる気象・気候データ解析Ⅰ
―Pythonの基礎・気候値と偏差・回帰相関分析―

神山 翼 (著)

A5 判／208 頁　978-4-254-16138-0 C3044　定価 3,520 円（本体 3,200 円＋税）

現代の気象学や物理気候学が必要とするデータを解析し，背後にある面白い自然現象を説明する力を養う．Jupyterで実践．全2巻．Ⅰ巻ではPythonによる行列計算や可視化など基本操作からはじめ，平均・偏差・線型トレンド・インデックスなどデータの見方・扱い方に続き，主成分分析まで解説する．

Pythonによる気象・気候データ解析Ⅱ
―スペクトル解析・EOFとSVD・統計検定と推定―

神山 翼 (著)

A5 判／240 頁　978-4-254-16139-7 C3044　定価 3,960 円（本体 3,600 円＋税）

現代の気象学や物理気候学が必要とするデータを解析し，背後にある面白い自然現象を説明する力を養う．Jupyterで実践．全2巻．基礎を基礎事項を扱ったⅠ巻につづき，実践的な解析を解説．〔内容〕パワースペクトル，フィルタリング，自己相関，クロススペクトル解析，EOF解析，特異値分解，MCA，IVE，検定など

上記価格は 2024 年 10 月現在